U0371982

FIDIC 合同条件实用技巧

（第二版）

田　威

中国建筑工业出版社

图书在版编目(CIP)数据

FIDIC合同条件实用技巧/田威. —2版. —北京：中国建筑工业出版社，2002（2021.7重印）

ISBN 978-7-112-05055-0

Ⅰ. F… Ⅱ. 田… Ⅲ. 土木工程-工程施工-合同 Ⅳ. TU723.1

中国版本图书馆CIP数据核字(2002)第016987号

FIDIC合同条件实用技巧

（第 二 版）

田 威

*

中国建筑工业出版社出版、发行(北京西郊百万庄)

各地新华书店、建筑书店经销

北京圣夫亚美印刷有限公司印刷

*

开本：850×1168毫米 1/32 印张：8⅞ 字数：236千字

2002年6月第二版 2021年7月第十三次印刷

定价：**26.00**元

ISBN 978-7-112-05055-0

(10582)

版权所有 翻印必究

如有印装质量问题，可寄本社退换

（邮政编码 100037）

由国际咨询工程师联合会制定并推荐使用的《土木工程施工合同条件》(简称 FIDIC 合同条件),是国际和国内土木工程在工程招标、投标、签订承包合同以及费用支付、工程变更和索赔等方面具有国际权威的通用标准,因而被称为"土木工程合同的圣经"。本书针对 FIDIC 合同条件的实际应用,依据实践经验,援引丰富例证,深入分析和探讨了在国际工程承包和施工监理实践中运用 FIDIC合同条件的实用技巧,是国内第一部较为全面地研究 FIDIC 合同条件应用的著作。

本书自第一版出版发行后,受到国内同行的普遍欢迎。趁此第二版之际,作者又做了适当补充和修订。

第二版序

田威先生的《FIDIC 合同条件实用技巧》一书自 1996 年 12 月出版后，受到业内人士的普遍关注和好评，至今已经第六次印刷。

作为中国土木工程集团公司的副总经理，田威先生多年来一直在海外从事第一线的具体工作，参与过世界银行、亚洲开发银行和非洲开发银行等国际金融机构贷款项目的 FIDIC 合同管理，积累了相当丰富的实践经验，曾历任助理工程师、工程师、高级工程师、营业经理、项目经理、部门副经理和驻外公司的副总经理、总经理等职。目前还是英国土木工程测量师协会的资深会员，并被聘为中国对外承包工程商会专家委员会国际工程专家。

借这次第二版之际，田威先生在书中补充了近年来在《国际经济合作》等杂志上发表的一些文章，出版社也把本书改为精装本出版，相信对于合同管理和项目实施人员更好地理解及运用 FIDIC 合同条件，应有一定的帮助。

王兆成

2002 年 1 月 26 日

（本序作者为铁道部副部长）

第一版序

国际咨询工程师联合会(Fédération Internationale des Ingénieurs Conseils,简称 FIDIC)制定并推荐使用的《土木工程施工合同条件》(简称 FIDIC 合同条件),1987 年出版了其最新版本——第四版,其后在 1988 年做了一些文字修订,通常称作 1988 年第四版。这是国际土木工程在项目招标、投标、签订承包合同以及费用支付、工程变更、价格调整和索赔等方面具有国际权威的通用标准,因而被称为"土木工程合同的圣经"。

改革开放以来,我国许多工程建设公司和研究设计院(所)纷纷取得对外经营授权,跨出国门,开拓国际工程承包和设计咨询业务,取得了显著实绩。到 1995 年底,我国已有 23 家国际公司跨入全球 225 家最大承包商行列。与此同时,一大批工程管理和施工技术人员在实际工作中逐步接触并熟悉了包括 FIDIC 合同条件在内的国际工程法规和惯例;国内土木工程也将逐步向监理制过渡。

作为国际工程承包市场上的后来者，我国国际公司走过了一条实践——总结——提高之路，也就是积极参与国际市场竞争，研究和评介有关国际法规和惯例，不断提高从业人员的业务素质，提高我国国际工程承包公司的跨国经营水平。许多工程技术和管理人员在繁忙的业务之余，拨冗著文，发表于报章刊物，与同行交流心得，切磋问题，传播知识，起到了很好的促进作用。

作为中国土木工程公司一位部门经理，田威先生具有多年的海外工程经验，长期从事项目管理的实际工作。从 1993 年起，他在《国际经济合作》杂志发表应用 FIDIC 合同条件从事项目管理的研究与实例分析文章 20 余篇，较为全面地涉及了运用 FIDIC 合同条件常见的问题和应对的策略，并运用大量例证，进行了深入浅出的分析，受到了有关专家和学者的好评。其中有些文章获得了对外贸易经济合作部国外经济合作司与《国际商报》等媒体共同举办的“对外承包劳务和国际工程咨询发展战略”优秀论文奖、中国建设工程造价管理委员会“全国工程造价管理”优秀论文奖，有些被收入当代企业领导者管理艺术丛书之《管理艺术文集》。

现在，这些文章经过《国际经济合作》杂志资深编辑王玮先生的精心整理，并按项目运作中常见的顺序科学编排，总成了一部较为系统的专著。目前，国内尚无此类研究著作出版。因此，本书的出版是一件非常有益的工作，它将对我国从事国际和国内工程承包和施工监理的单位和个人具有可贵的参考价值；对于初涉这一行业的人员来说，也不失为一本很好的入门读物。

1996 年 1 月 28 日

（本序作者为新华社香港分社副社长）

目　　录

咨询工程师的地位和作用

国际咨询工程师联合会(Fédération Internationale des Ingénieurs Conseils,简称FIDIC)编制的土木工程施工合同条件(简称FIDIC合同)是一种行之有效的标准合同管理方法,已被大多数国际承包项目所采纳,有人称之为土木工程行业的圣经。该合同源于英国土木工程师协会(Institution of Civil Engineers)的ICE合同,因而所反映的传统和法律体系均具有浓厚的英国色彩,其中咨询工程师的地位和作用就很特殊。对于习惯在计划经济体制下管理项目的中国承包工程和咨询公司来说,进入国际承包工程这个以市场经济为主导的大市场后,普遍对由咨询工程师管理合同的方式感到经验不足,应该通过交流不断提高这方面的工作能力,挽回失去的时间,赶上国际承包工程合同管理的水平。

以下探讨FIDIC合同中咨询工程师的地位和作用。

咨询工程师是中间人

国际承包工程合约的宗旨是:“承包商工作得到报酬,业主付款获得工程(The Contractor gets paid for the work he performs and the Employer gets the work he is paying for)。”这也是 FIDIC 合同中业主雇用咨询工程师的目的。

FIDIC 合同的使用条件是业主必须雇用咨询工程师作为中间人,负责管理合同,所以 FIDIC 合同在执行中时刻离不开咨询工程师。根据 FIDIC 合同第 1.1(a)(iv)款(定义及解释),咨询工程师是“业主为履行合同目的而指定的……人员”,由此可见咨询工程师在合同中的重要地位。这里所指的咨询工程师可以是独立个人,或是咨询公司,或是业主机构中任命的有关职员,但其地位和作用均相同,都是根据合同条款的有关规定,对项目进行具体的合同管理、费用控制、进度跟踪和组织协调。

FIDIC 合同的框架关系是业主、咨询工程师与承包商之间的“三位一体”(The trinity of Employer, Consulting Engineer and Contractor)。咨询工程师虽然在 FIDIC 合同上签字,但在法律上并不是合同的当事人,只是作为鉴证方,处于中间人的地位,签订合同的主体方只有业主和承包商。尽管咨询工程师并不作为合同中业主与承包商双方的任何一方,但为了项目实施,他有权作为中间人根据合同条款做出自己的客观判断,对业主和承包商发出指令并约束双方,行使法律上准仲裁员的权利,甚至业主也无权影响和干涉咨询工程师的决定,因为若业主要求咨询工程师采取倾斜性的立场就属于违约。当然,如果合同双方中有一方执意不受咨询工程师决定的约束,则可以根据合同第 67 款(争端的解决)付诸仲裁。

有人形容咨询工程师与业主和承包商的关系类似婚姻关系,即签约时暗喻了双方将遵守咨询工程师所做出的各类指示,即便这种指示有失误,但只要在尚可承受的情况下仍应遵从并执行。

不过，这种服从是有限度的，一旦业主或承包商与咨询工程师的关系彻底破裂，则不再受任何约束。因此，业主、咨询工程师和承包商都要注意随时协调并处理好相互间的三角关系。

从理论上讲，因为咨询工程师只是中间人，而并非合同的主体方，所以如果他偏离合同的标准也可以不承担任何法律和经济责任。因此，业主为了保护自身利益，通常在聘请咨询工程师前与其签订咨询委托协议，明确雇用咨询工程师的条件，同时规定咨询工程师的全部行为必须对业主负责，业主则为咨询工程师所提供的服务支付薪水。从这个意义上，可以说业主又是咨询工程师的主人，有人通俗地把咨询工程师比喻成是业主的大管家。

FIDIC 合同中第 2.6 款（咨询工程师要行为公正）是有关咨询工程师作用和工作准则的核心条款，其中规定，“当采取可能影响业主或承包商权利和义务的行动时，他应在合同条款范围内，并兼顾所有条件的情况下，做到公正行事”。公正行事就意味着咨询工程师要善于听取并考虑业主和承包商双方各自的不同观点，然后基于事实独立做出自己的决定。咨询工程师在管理合同时的公正性具体表现在合同第 60 款（验工证书与支付）、第 65.2 款（特殊风险）、第 53 款（索赔程序）、第 12.2 款（不利的外界障碍或条件）、第 48 款（移交证书）、第 44.1 款（工期的延长）、第 52 款（变更的估价）、第 56 款（需测量的工程）、第 20.3 款（由业主风险造成的损失或损坏）和第 20.4 款（业主的风险）等条款，甚至包括使用第 63.1 款（承包商违约）时。

在合同实施的过程中，咨询工程师的日常工作主要是与承包商交往，承包商在进行许多工作前必须先获其认可及推荐。咨询工程师有自己酌情处理问题的权力，他在业主与承包商之间应行为公正，以没有偏见的方式使用合同。要特别注意，咨询工程师与业主和承包商间的一切往来必须采用书面形式，函件中必须尽量引据合同条款及有关事实，并注意做好工地现场日志，同时应建立收发文的签收制度，以便确定责任。

咨询工程师是设计者

FIDIC合同属于单价合同，前提是咨询工程师负责为业主搞好全部永久工程的设计并列出有关的工程数量B.Q.单，而承包商只是进行一些临时工程和有关施工详图的设计。当然，承包商也可能被要求按合同第7.2款(由承包商设计的永久工程)设计个别“合同中明文规定应由承包商设计的部分永久工程”，但从该款(b)条的解释可以看出这种设计通常是指机电设备供货时的情形。也就是说，如果要求承包商承担并负责全部永久工程的设计，即若项目属于交钥匙工程，则使用FIDIC土木工程施工合同条件并不适宜。

业主根据自己的建设意图及资金筹措情况，在决定实施项目后提出设计任务书，一般是通过招标的形式选择设计者。设计阶段的工作优劣对于控制整个项目的投资规模及其经济性影响很大，比重可以占到75%～90%。咨询工程师应该在充分满足工程需求的条件下，认真进行技术经济比较，通过比选搞好设计挖潜，力求做出优化设计。设计者的惟一任务是为业主服务，这是十分明确的，因为此时尚无第三方的介入。

业主批准了咨询工程师的设计并且招标承包商，但并不因此而解除咨询工程师对可能发生的设计错误所应承担的责任，他应该对其设计失误导致的损失进行经济赔偿。

尽管设计者可能是一家咨询公司，但在设计阶段他尚未进入咨询工程师的角色。为了保持项目的连续性，在国际招标的项目中，业主选择设计者时，原则上是与施工监理综合考虑，尽量找同一咨询工程师负责设计和施工监理，一贯到底，以免日后出现设计与监理相互推诿责任的现象。因此，咨询工程师如能在设计方案上得到业主的满意甚至做出成绩，并能降低项目成本，对于获得后续的施工监理工作是非常有利的。

在投标前比较理想的情形是咨询工程师设计的全部永久工程

之施工详图、技术规范和工程数量 B.Q.单等均达到实质性完成，但经验证明，实际上在发标时他通常只能提供正式的合同图纸及工程数量 B.Q.单等，以满足承包商投标之目的。因此，合同在第7.1款（补充图纸和指示）中为咨询工程师留有余地，使之有权“为使工程合理而正确地施工和竣工……不断向承包商发出……补充图纸指示”。如果承包商认为这些补充图纸和指示没能在合理的时间内提前发出，难以及时做好相应的施工准备并且影响了工程进度，他可以根据 FIDIC 合同第6.3款（工程进展中断）和第6.4款（图纸误期及费用）通知咨询工程师，要求采取补救措施，并且进行工期和经济索赔。

在施工过程中，设计变更是经常发生的。尽管咨询工程师所作设计变更对业主的项目经济性和承包商的有关费用都将产生一定影响，但 FIDIC 合同第51款（变更、增添和省略）规定这种变更只要在标价±15%（1988年第四版的规定是±15%，而1977年第三版仅为±10%）的范围内就属合理，咨询工程师不必为此承担任何责任。所以，有人说咨询工程师经营的几乎是无本生意，没有什么风险，技术附加值又相对较高，只是出卖智力和管理能力，可以旱涝保收。

咨询工程师除了对业主负有显而易见的责任外，也要注意照顾到承包商的利益，应该保证永久工程的设计尽可能完整和详细，并且前后一致，以便承包商能够做好计划安排，顺利实施项目。尽管承包商在投标首封函中确认“研究了……工程的施工合同条件、技术规范、图纸、工程数量 B.Q.单……以后，……根据上述条件……按合同条件、技术规范、图纸、工程数量 B.Q.单……要求，同意实施并完成上述工程及修补其任何缺陷”，即他认为合同中规定的工程项目可以实施，但大前提是建立在设计者的能力没有问题的基础之上。有时设计者在标书中提出的技术指标或性能在世界上尚无成熟产品，甚至还在试制阶段，如果发生这种情况，则属于业主任命了无能的设计者，这时应该赔偿承包商由此引发的各类损失，设计者也要承担连带责任。

咨询工程师是施工监理

FIDIC 合同条件是针对独立工作的咨询工程师负责项目的施工监理而编写的。这里咨询工程师的施工监理作用是指监督管理承包商，宏观控制承包商在施工中履行合同的情况，以及在可能的条件下对业主与承包商进行必要的调解工作，是主动的安全、费用、进度和质量跟踪，而并非只是施工中的被动检查，属于一种动态目标管理，对承包商有约束和激励作用。如果承包商对于施工监理的指示不能做出有效反应，则咨询工程师有权根据合同提出警告、强迫执行，甚至动用 FIDIC 合同第 63.1 款(承包商违约)进行制裁。

为立足于预防，排除工程进展中的各种干扰，及时解决问题，咨询工程师要根据合同指导承包商收集反映工程进度的现场数据，把安全目标、费用目标、进度目标和质量目标等的计划值与实际值经常进行比较，控制并促使承包商从组织和管理上采取积极措施，随时调整偏差，以确保合同总目标的实现。

根据 FIDIC 合同条件，咨询工程师的职责是解释书面合同，检查合同的执行情况，包括工程进展中向承包商发出与合同管理有关的指示、评估承包商提出的各类建议、保证施工材料和工艺符合合同规定、监测已完工程数量并代表业主校核批复验工计价等，以控制整个项目的顺利实施。

在合同管理的过程中，尽管业主、咨询工程师和承包商定期召开三方工作会议，业主与承包商间的交往和全部联系仍应通过咨询工程师进行，以免出现混乱和误解。因此，有人比喻咨询工程师在业主与承包商之间起着过滤器和筛子的作用，他应该在业主与承包商之间独立地根据合同秉公决断，即将有关的合同条款套用到发生的具体事件上，公正无倚地监督项目实施。合同中规定了咨询工程师在施工监理和合同管理中采取各种行动时的程序，他应该注意遵守这些程序，以保证各方之间的相互信任。

咨询工程师的许多工作都涉及到财务问题，他对施工中验工计价和最终付款时颁发的各项证书负责，包括在合同条件下可能发生的所有费用，但合同第41.7款（误期损害赔偿费）的延期罚款和第67款（争端的解决）的仲裁诉讼费除外。如果咨询工程师有意识地错批承包商提交的验工计价等财务单据，则他应该对受损方的全部经济损失负责。

国际承包工程这一经济技术活动集中到付款这一焦点上，因而承包商的验工计价进行得快慢对于顺利实施整个项目有着直接影响。咨询工程师应该按合同第60款（证书与支付）尽快批复无异议的验工计价款，以利承包商加速资金周转。正常情况下，咨询工程师批复的验工计价证书都包括在合同的工程数量B.Q.单中，但合同第51款（变更、增删和省略）项下的工程变更令，第70款（费用和法规的变更）项下的劳务、材料和运输的价格浮动，第58款（暂定金额）项下的完成的工程或提供的材料和服务，以及第12.2款（不利的外界障碍或条件）和第53款（索赔程序）项下的承包商所要求的额外付款等除外，因为每一项均可能导致合同价格的变化。

FIDIC合同的一个基本原则就是咨询工程师有权决定额外付款，这有利于高效率地管理合同，并且能够避免重复工作。但实际上，业主一般在合同第2.3款（咨询工程师的权力委托）的特殊条件中写明，“对于给承包商增加额外费用、核定索赔金额、确认延长工期等将导致工程追加开支的决定，咨询工程师必须事先报经业主批准”，从而限制咨询工程师的这种权力，把最终财务决定权掌握在业主自己手中。当然，咨询工程师也可以借助此款的限定，对承包商推脱无权决定对项目增加额外费用，从而保护自身利益并回避承担责任。

咨询工程师的施工监理是按照国际惯例进行的，目前比较流行的是采用计算机辅助管理的方法，应用CPM/PERT网络控制理论进行合同总目标的动态控制。咨询工程师通过人机对话，对项目网络中的时间参数、网络中各关键事件、子网络中各活动因素等不断进行反馈分析，调整关键节点之间的联系和约束关系，指示承包商随时加以修正，解决施工中可能出现的矛盾。

咨询工程师是准仲裁员

如果业主或承包商有一方或双方在履约过程中对咨询工程师所作的决定不能接受，并最终引用FIDIC合同第67款(争端的解决)保护自己，则他们都将遵从最终仲裁判决，而不再受咨询工程师此前所作解释或决定的约束。不过，在这种最终裁决之前，咨询工程师一直是准仲裁员即最高裁判人，双方必须先执行其指示。

在履行合同的过程中，尽管承包商可能不同意咨询工程师的某个指示，但根据合同第13.1款(应遵照合同工作)，他又“要严格遵守并执行咨询工程师的指示”。明智的承包商通常是书面记录下他对该指示的不同意见和理由，以作为日后付诸仲裁的依据。

如果咨询工程师认为可以凭借其准仲裁员的特殊地位而随心所欲，在管理合同的过程中不能秉公办事，结果往往是当承包商难以承受时，按合同第67款(争端的解决)的规定提出质疑直至送交最终仲裁，以排除重大风险。根据合同第67.3款(仲裁)的规定，仲裁员“有全权解释、复查和修改咨询工程师对争端所作的任何决定、意见、指示、判处、证书或估价”，并且可以代替咨询工程师对争端中的具体情况发出各项指示。一旦咨询工程师的“准仲裁员”身份被剥夺，则他将对其过去所有的错误决定和指示负责。

如果合同双方中任何一方根据合同第67款(争端的解决)之程序对咨询工程师的准仲裁决定表示反对并且仲裁胜诉，则这种决定也就没有约束力了。受损方也可在仲裁胜诉后依法对咨询工程师起诉，他有责任为自己的失误赔偿受损方的经济损失。

FIDIC合同第67款(争端的解决)的仲裁过程分成四步：记录争端、准仲裁、友好解决和正式仲裁即最终裁决。当业主与承包商意见不一时，首先是异议一方根据第67款(争端的解决)的规定向咨询工程师书面记录争端，并要求做出准仲裁决定。咨询工程师一般是在听取其法律顾问的建议后，对有关争端做出准仲裁决定。

如果双方中有一方不同意咨询工程师为解决争端做出的准仲裁决定，并按合同在 70 天（1988 年第四版规定为 70 天，而 1977 年第三版则为 90 天）内提交了仲裁通知书，那么咨询工程师的准仲裁就不是最终决定，对双方也没有约束力。咨询工程师在最终仲裁时将被传为证人，向仲裁员提供与争端有关的事实和证据。

但是，根据合同第 67.1 款（咨询工程师的决定）的规定，当没有得到最终仲裁判决时，"在任何情况下，承包商都要继续精心进行工程施工，而且承包商和业主应该立即执行咨询工程师做出的每项决定"。

为了防止两败俱伤，有时签约双方可能参考咨询工程师的准仲裁互做让步，经过协商达成一致意见，形成友好解决争端的结局，这实际上比继续提交最终仲裁要好得多，由此可见咨询工程师作为准仲裁员的影响力所在。

如果双方矛盾实在难以调和，根本无法通过友好方式协商解决争端，则只有提交正式仲裁。但是，由于仲裁是一个复杂的法律过程，未知的影响因素较多，而且仲裁员的选定至关重要，又是一次性的，同时需要花费较高的费用，如果真正走到这一步，则业主和承包商双方都要冒很大的风险，尤其是承包商的各种保函和保留金均可能置于危险境地。

咨询工程师是业主的代理人

咨询工程师在行使其施工监理的权力时，明显是业主的代理人，而且即使发生争端，承包商在按合同第 67 款（争端的解决）提交仲裁并获得友好解决或最终裁决前，他一直扮演着准仲裁员的角色。

对业主来说，工程的成功就是承包商在预算范围内高效地按期完工，并能保证发挥项目的设计经济效益。承包商期望的则是在履约的过程中得到应有的工作条件，公平地使用合同，并且获得合理的付款和报酬。咨询工程师的工作就是要尽可能保证取得这种双方满意的结果，但他管理合同的权力相对有限。从这个意义上说，咨询工程师在施工监理的过程中就是业主的代理人，是为业主具体管理项目的项目经理。必须注意，这里请勿与合同第15.1款（承包商的监督）中所述承包商的项目经理相混淆，承包商的项目经理尽管有与其相似的作用，但各自目的不同，承包商的项目经理最终还要确保自身盈利。

咨询工程师所寻求的是要按时将合同第7.1款（补充图纸和指示）规定的图纸和指示提供给承包商，并且尽快地处理由承包商提交的部分图纸、计算和施工组织计划等，在整个项目的实施过程中，预先分析、估计目标偏离的可能性，指示承包商采取纠偏措施，以保证业主获得满意的工程。

如果咨询工程师能够正确地使用合同第51款（变更、增添和省略），将有助于解决这些问题。不过，使用这一条款赋予的权力在某种程度上显得带有武断性，即只要他“认为有必要……合适时”，就可以“对工程或其中任何部分的形式、质量或数量做出任何变更”。当然，这种做法也有一定的难度，经常引起争论。因为出于给业主节省项目开支的目的，咨询工程师经常做出变更，指示承包商施工时减少合同中单价偏高而增加单价较低的工程数量。在这种情况下，明显可以看出咨询工程师是业主的代理人。不过，有时为了安抚承包商，避免事端，咨询工程师也可能做出一些对承包商有利的变更，以作为“交换补偿”。

因此，这就导致了“变更”实质上可能会改变项目的原有工作内容，从而改变业主与承包商双方在签订合同时的初衷。尽管这类变更可能是通过合同第51.2款（工程变更令）发出的“工程变更令”，而实际上却属于“额外工作令”，所以，能够指出并证实两者间的差异是至关重要的。根据合同规定，为保证实现合同的目标，承包商必须遵守并执行合同第51.1款的“工程变更令”，但是对于“额外工作令”则完全可以根据合同第52款（变更的估价）、第12.2款（不利的外界障碍或条件）和第53款（索赔程序）拒绝执行，因为后者已经改变了原合同的内容，所以需要签约双方重新协商有关费用。实际上承包商在遇到咨询工程师发出的变更指示后，都会力图证明这并非简单的“工程变更令”，而是“额外工作令”，并且根据合同第52款(变更的估价)与咨询工程师重新商定合适的费率或价格，在得到业主的认可后，取得额外收入。

在合同第12.2款(不利的外界障碍或条件)中，咨询工程师是业主的代理人也表现得十分清楚。当工程施工过程中遇到不利的外界障碍或条件时，属于“一个有经验的承包商无法合理预见到的”，承包商完全可以根据合同第12.2款(不利的外界障碍或条件)和第53款(索赔程序)向业主提出经济索赔，或要求咨询工程师按合同第40.1款(暂时停工)和第44.1款(竣工期限的延长)发出暂时停工令并顺延工期，追加额外费用。即便咨询工程师对此没有异议，也还要“与业主和承包商协商后”才能落实，实际上是要事先获得业主的批准。

由此可见，FIDIC合同很难做到对承包商绝对公平，因为国际承包工程的市场毕竟还是买方市场，指望咨询工程师在实际运作时按理论上的要求做到完全中立，就未免有些太理想化了。咨询工程师是受业主委托并与其有合约关系，自然要千方百计地为业主服务，作为业主的代理人负责项目管理。业主、咨询工程师和承包商三者的协调关系并非等边三角形，咨询工程师在这个三角关系中靠业主一侧更近些。因此，咨询工程师不可能是纯粹的“第三方”，但也不能简单地在“不是第三方”与“不公正”之间划等号。

国际咨询工程师应具备的素质

国际承包项目的合同管理及实施是一个复杂的系统工程，综合性很强，因此，要求管理合同的咨询工程师知识应该很丰富，人员素质也应比较高。他们属于高层次的智力人才，除工程技术及专业知识外，还必须懂得法律知识、财务监控、商务常识、项目管理和材料设备等，并且掌握计算机辅助管理这一先进手段。因此，国际咨询工程师的工资比一般专业工程师要高得多。

咨询工程师主要是由各种专业工程师和粗通技术的经济师这两大类人才组合而成,咨询工程师应该既懂专业技术,又懂项目管理,融工程技术与经济知识和能力于一体。他们一般通过双学位的培养,常见的是在学习工程技术后再进修两年经济管理与法律课程。

所谓咨询就是"商讨并征求意见",因此国际工程咨询中相互间的语言交流相当重要,如果咨询工程师与业主或承包商无法进行沟通,就根本谈不上什么国际工程咨询。FIDIC 合同第 5.1 款(语言和法律)通常规定合同的工作语言为英语,因此咨询工程师应能流利使用英语,包括听说读写的能力。当然,如果能够粗通项目所在国的当地语言就更加方便。

FIDIC 合同是管理和技术方面的国际标准化,避免了按照不断变化的各种合同进行工作,因而为负责合同管理的咨询工程师提供了一个稳定依据,也便于不断积累和交流经验。咨询工程师要掌握经济合同法知识,采取合同措施控制实现项目总目标,特别要学习法律语言的严谨性及律师的争辩方法和技巧,以合同条款即法律的方式约束和监督项目费用支出。

咨询工程师应注意 FIDIC 合同中各条款间不是孤立无关的,而是相互制约和紧密联系的。重要的是把好合同关,经常研究合同的有关执行情况,天天念"合同经"。承包商通常指定专人负责合同管理,其赚钱的源泉往往也就在合同中。

咨询工程师应对 FIDIC 合同条款了如指掌,熟悉合同规定的适用条件,并有一定的实际运作经验。这种经验不仅限于本国的工程管理,重点是在海外承担国际工程咨询的经验。当然,这方面的要求对于新的咨询工程师是不利的,但有一种方法可以克服这种不利条件,即利用本国政府资助或经援的项目取得海外咨询合同,从而可以取得执行国际工程咨询的经历。世界银行和亚洲开发银行等国际援助组织在其项目上均采取鼓励外国咨询工程师与项目所在国的咨询工程师合作的政策,通过组建合营咨询公司也可以比较容易地取得国际工程咨询合同并获取有关资历。

咨询工程师应掌握财务监控，这里不是简单的纯财务工作，而是费用控制，即根据合同第14.3款（提交资金周转估算）指示承包商提交依施工的进度计划绘制出验工计价/时间的资金周转曲线，供业主在筹措资金和安排付款时参考，使得项目实际总费用控制在业主确定的项目投资目标值以内。

咨询工程师应能运用先进的科技手段如计算机等管理项目合同，要在项目实施的过程中，经常定期向业主提交进度报告，对项目的计划目标与实际进展做出比较，提出应该采取的措施。这些繁杂的具体业务和数据处理都要在计算机的辅助下完成，离开计算机，则许多咨询工程师的动态分析和控制工作就无法进行。因此，咨询工程师必须具备应用计算机的有关能力，这也是业主在评估咨询工程师资格时一个不可忽视的条件。

咨询工程师应熟悉国际通用的各类技术规范和标准，常见的有英国、美国、德国和日本等先进工业国的技术规范，或是项目所在国由此派生出的有关技术规范。此外，咨询工程师还应粗通材料设备和物资管理知识，等等。

选择咨询工程师时，也要考虑其职业道德、过去管理合同的经历及公正性、根据合同履行其义务的业务水平。

承包商的资格预审

国际承包工程在签约之前，工作实际上可以划分为两个阶段，即资格预审（Pre-qualification）和投标报价（Tendering）。以下根据多年在海外编报工程项目各类资格预审所知，重点探讨资格预审的有关问题。

资格预审的目的

国际咨询工程师联合会（FIDIC）在《土木工程合同招标评标程序》中开宗明义就指出："经验证明，对于大型的和涉及国际招标的项目，必须进行资格预审。这是因为通过资格预审可以使业主（咨询工程师）提前了解到应邀投标的公司之能力，同时也保证了向不一定愿意参加或无限制招标的大公司发出邀请。这种无限制的招标并不总是有利于合理竞争，因为投标者数量太多可能导致成功的投标反而不被接受。此外，如果各公司明知大部分投标不能中标而仍递交大量标书，将为此支出无效的费用，并产生大量多余投标，而资格预审就具有减少这种多余投标的优点”。

因此，在正式招标之前，业主一般要对承包商进行资格预审，尤其是对于土木工程合同，这也是一般的国际惯例。资格预审的目的是确保实际参与投标的公司具有相应的财力、技术能力和施工经验，以便能够减少业主和承包商双方可能发生的不必要开支，避免签约后无理索赔的发生，防止项目增加额外费用或最终出现不可收拾的残局。

FIDIC 合同主张通过资格预审的方式，淘汰那些不具备承担项目的基本素质的公司，筛选出确有实力和信誉的承包商参与投标，因而可以减少业主的评标工作量，缩短签约前的工作周期，另外还能排除个别承包商在投标后由于业主认为他们不具备承担项目的资格而被否决，从而也会节省这类承包商为此可能投入的人力和财力等投标费用。

项目的业主和承包商都十分重视投标报价前的资格预审，尤其是承包商把这看成是夺标的第一轮竞争，并且关系到自身的工程和商业信誉。

当然，并非通过资格预审的公司就必须投标，承包商在通过资格预审后，可以根据投标时的实际情况，决定是否参加投标，自己完全有放弃投标的主动权。

资格预审文件通常是一系列的有关问答表格，叫做资格预审问题调查表（Pre-qualification Questionnaires），业主要求承包商在规定的时间内填报。资格预审的期限一般为 60 天，也有要求承包商在更短的时间内呈交资格预审问题调查表的情况。

FIDIC 合同对参加土木工程施工资格预审的公司在数量上没有任何限制，所有通过资格预审的公司都将被业主邀请参与投标。因此，承包商对此一定要心中有数，不能听信传言，例如有些中介人可能诈称业主对于参加项目资格预审的公司有数额限制而骗取钱财，因为资格预审是以承包商的综合实力为基础，而不是数额。

业主在资格预审结束后，会立即书面通知所有通过资格预审的公司，随后向这些公司发出投标邀请，其余则均被淘汰。没有接到资格预审合格通知书的承包商即是落选者，业主不必详细说明不合格的原因，被淘汰者也无权查询其理由。

资格预审的应用

在国际竞争性招标的项目中，业主普遍需要对承包商进行资格预审。国际金融组织在提供贷款时，更是注重考虑项目的经济性和实效，通常也是参考 FIDIC 合同的习惯做法，以世界银行的《贷款项目竞争性招标采购指南》和亚洲开发银行的《贷款采购准则》为指导原则，对承包商进行资格预审。资格预审的结果还必须报经这些国际金融组织批准，以确保参与投标的承包商有能力履行合同，提高有关贷款的使用效益，保证项目的顺利实施。

世界银行在《贷款项目竞争性招标采购指南》第 6.1 款中指出："对于大型复杂的工程、专门设备和服务，应对投标人进行资格预审，以确保投标邀请只发送给那些有足够能力和经验履行合同的投标人。对承包商的资格预审，应该完全以其是否能够按照合同履约为基础"，并且规定所有成员国的申请人均可参加资格预审。

亚洲开发银行在《贷款采购准则》第 2.08 款中写明："对于多数土木工程合同、交钥匙合同、造价高昂和技术复杂的合同，要对投标人进行资格预审，以确保只邀请在技术和资金上有能力的公司投标"。

凡是需要按 FIDIC 合同方式进行资格预审的项目，通常是由咨询工程师负责协助业主准备一份资格预审文件，资格预审通告均在官方或世界银行的 Development Forum（Business Edition）和亚洲开发银行 ADB Business Opportunities 等刊物上公开刊登，并可能寄给有关国家驻项目所在国的大使馆。

下表是对 FIDIC 合同、世界银行和亚洲开发银行的投标程序体系所作的一个综合分析和比较。

FIDIC与世行及亚行项目的资格预审程序比较

步骤	FIDIC合同的程序	世界银行的程序	亚洲开发银行的程序
1	发布资格预审通告	同FIDIC合同	同FIDIC合同
2	出售资格预审文件	同FIDIC合同	同FIDIC合同
3	评估资格预审答题	同FIDIC合同	同FIDIC合同
4	通知资格预审合格的公司	将通过资格预审的公司名单报送世界银行批准	将通过资格预审的公司名单报送亚行批准
5	出售标书	同FIDIC合同	同FIDIC合同
6	安排现场考察	同FIDIC合同	同FIDIC合同
7	解答问题	尚不明确,常参考FIDIC合同	同FIDIC合司
8	接收投标书	同FIDIC合同	同FIDIC合同
9	开　标	公开开标	公开开标
10	评　标	同FIDIC合同	同FIDIC合同
11	授标并签订合同	同FIDIC合同	同FIDIC合同

从上述分析可以看出,国际金融组织的项目资格预审是在其充分竞争、程序公开、机会均等和公平对待所有投标人的大原则下,具体工作实际上大部分是比照FIDIC合同的有关做法,参考其通用资格预审的标准格式,以确保承包商有能力履行合同规定的义务。

资格预审的评估

FIDIC合同进行资格预审时采用的评估方法,一般是咨询工程师根据事先确定的评分标准,采用比较简单的百分制进行定向评分,对申请资格预审的公司做出一个综合判定,然后报送业主。采用这种定向评分的方法,把对承包商的各项资格评价转换为数字概念，能够对可比要素进行客观的打分，使得主观判断的程度和影响降到最低点。

假定综合总分最高分=100分，根据以下三个大方面的要素，分数的单项定向分配比例通常如下：

评估项目	最高分	最低分
财务状况	30	15
技术资历	30	15
施工经验	40	20

其中：

财务状况主要审查承包商的公司法人资格和基本概况、资产负债表(最近三年的，必须经过合法审计)、现金流量表(评价流动资金)、损益表(综合评价项目的收益情况)、有关银行的资信证明及可获得的信贷金额(根据银行担保评价承包商的资信和融资能力)等；

技术资历主要审查承包商的工程管理层次和机制、主要管理人员的履历(总部和项目队主要管理人员的有关素质)、施工管理和技术人员的数量及搭配情况(现场组织和资源分配)、分包计划(应写清分包商的有关资料及分包范围，通常分包的工程量不应超过合同总价的50%，以防“卖标”现象)等；

施工经验主要审查承包商的与拟招标项目类似工程的施工经验、海外经营或类似工地条件的工作记录(最近三年的现有在建工程)、已完工项目业主出具的书面证明(最近三年或五年的)、机械设备状况(境外及项目所在地的拥有情况，尤其是关键设备)等。

资格预审分数的定向分配比例也有采用40:30:30，或者30:40:30等，还有按其他比例分配的情形。选择何种比例，通常是业主视项目性质及特点与咨询工程师商定。例如，有些项目业主要求承包商筹措部分款项或垫付较多流动资金，就可以适当加大财务能力方面的比重；而有些项目涉及的工程技术比较复杂，就可以适当提高技术资历和施工经验的分数比重。因此，承包商应该认真分析具体项目在资格预审时可能的侧重，根据工程的特点，对分数比例较高的部分有针对性地多报送一些有说服力的资料和信息，突出自己在这方面的优势，加深对业主和咨询工程师的印象，以便获得好评。

FIDIC合同认为，一般通过资格预审的最低分数为60分，那些总分在最低分数线以下的公司应该被淘汰。同时，如果申请资格预审的承包商三组要素在某一单项中最低分少于该组分数最高分的中值，则其资格预审也不应获得通过。

世界银行和亚洲开发银行对于技术性较强或金额较大的合同，有时要求承包商必须满足其全部强制性的有关标准，在资格标准方面应该达到80%才能及格，即可以通过资格预审。

如果单独通过资格预审的承包商拟相互之间组成合包集团共同投标，则必须在投标截止日前先获取业主对此的书面同意，否则投标无效。如果一家通过了资格预审的承包商提出与另一家曾经申请过资格预审却未通过资格预审的承包商共同投标(不论是以合包集团或分包商的形式)，则业主肯定不会批准这种要求。因为没有能够通过资格预审的承包商，一定是存在不为外人所知的缺陷，而业主在项目资格预审的过程中已经掌握到有关情报和资料，进行了必要的筛选。有鉴于此，通过资格预审的承包商应该注意业主经过认真审查后得出的结果，在同一项目上不宜与未通过资格预审的承包商合作，从而避免不必要的麻烦，同时也能防范潜在的风险。

参加资格预审的承包商应该根据文件规定，尽量详细地提供所要求的资料，并且按照文件要求正确地签字盖章。因为实践证明，很多承包商认为这些过于简单，反而容易在经办时被忽视，结果影响到其资格预审的评分结果。另外应该注意办好必要的公证和认证，尤其是资格预审文件中明确规定的有关大使馆的认证手续。

有些项目的业主为了简化手续，只是采取资格后审(Post-qualification)的方式考核承包商的资信状况，通常适用于设备供货项目的投标。资格后审与上面谈到的资格预审没有本质上的差别,只是形式上的不同而已。资格后审就是将有关投标人的经验和经历、财务状况、技术人员履历以及售后服务等有关情况填报在与投标文件同时呈交的资格后审表格中,以便业主在评标时,综合考虑这些资料。

承包商平时应该注意做好资格预审有关资料的积累和准备工作,并将所需数据存入计算机的数据库中。在遇到合适的项目时要善于抓住机遇,及时调出有关数据并加以整理,向业主递交简洁、准确和有针对性的资格预审文件,争取闯过国际承包工程项目夺标的第一关。

以书面文字为准

国际承包项目合约管理中的一条重要原则,就是所有交流以文字为准,绝不能搞什么“一言为定”,这是很重要的。写成白纸黑字的东西就是一种永久性的记录,它在项目管理的过程中,确属令人信服的资料,比口头交流要准确和有效得多,而且可以在事后反复予以引用。

FIDIC合同第1.5款和第2.5款里,都强调一切必须书面往来,包括业主、咨询工程师给承包商的函件,承包商给他们的函件等,文字为准,空口无凭。任何人都不得无故扣压或拖延有关文件的传送。另外,要注意一事一函,简明扼要,思路清晰,符合逻辑,突出事实,尽量使用工程及法律用语,同时描述用词不能太笼统,还应注意不能出现前后自相矛盾的情况。可以说,书面文件是国际工程承包中的一个核心。

FIDIC合同里相当重视证据:承包商提出要索赔多少钱,可以,但请出示证据!这是第53.2款和第53.3款的要求;承包商说蒙受了经济损失,支出了若干费用,也行,请拿出发票来！这是第58.3款的要求。中国人常讲,“先君子后小人”,是采用的无罪推断原则。而在海外,则是反其道而行,思维方式乃“有罪推定”法,要用胜于雄辩的举证去证明事实,每个人都天然地承担着对涉及疑点的举证责任。只有经过考证,说明确无问题,才能以“铁证”理直气壮地宣布:“我无罪,我清白”。在用FIDIC合同搞国际工程承包时,统统要“先小人后君子”,英国人常讲的“You are guilty unless you are proven to be innocent”(除非能证明你是无辜的,你永远是有罪的)就是这个意思,即要以“言商不谈友情”的工作作风处理日常业务往来,因为业主和咨询工程师在心理上普遍认为“All Contractors are crooks”(凡承包商都很刁猾),签约双方随时都互存相当高的防范意识。

在与咨询工程师或业主交往的过程中,要避免出现“君子动口不动手”的现象,杜绝指望通过公关活动而取代函件沟通的心态,对谈判、会议不做或很少作双方签认的文字记要,这是很危险的管理方式。切不可过于轻信情理期望或口头承诺,更不能把商业道德与法律依据混为一谈。一定要树立法制观念,使自己的行为不但要合情合理,而且最重要的是合法——在法律上也要做到严密准确、无懈可击,不给对手钻空子。因为在仲裁争端时,证据的作用高于一切。仲裁判定的原则是:“谁主张,谁举证”,就是指提出要求的一方应负责向仲裁员提供有效的合法证据。否则,有时就算是合情合理的事情,但如果在表现形式上是一现即逝的口头约定,而法律上不能举证认定,最终也只会徒唤奈何。中国承包公司对此是需要转变观念的,在市场经济的条件下参与自由竞争,经营之道应该是“在商言商”。

合同文本和重要信函都要认真签署,通常要在文本的末尾写明授权签字的单位及姓名,并空出一定的地方以便签字盖章。另外,在每一页都应由授权签字人签上自己姓名的第一个字或每一个字母,也叫做简签(Initial),这是中国人不太习惯和容易忽略的事情。同样,对于个别双方同意进行涂改的字词,也要在旁边简签以示确认无误。合约文件正本通常要装订成册，并做好蜡封（Wax Seal），妥善保管，以备发生纠纷时作为法律依据。

有些承包商在项目发生意外事件并造成一定的经济损失后，考虑到所涉及的金额不大，不敢向咨询工程师提交书面的索赔记录，主要是担心由此可能激怒对方或搞坏关系，宁可放弃应有的索赔权利。在这种心态的左右下，结果是类似的事情不断发生，承包商很快便发现其成本迅速上升，项目开始出现亏本的危险，而这时再想凭借与对方的所谓公关或通过"秋后算账"去挽回损失就变得为时已晚，因为没有以前的书面记录、信函往来等以及相关合同条款来证明当初的有效事实。承包商与业主或咨询工程师搞好关系当然十分重要，但这并不意味着承包商必须以牺牲自己的合同权益为代价，否则只能说明承包商曲解了合同管理的含义或在合同管理知识上存有欠缺。

其实只要承包商认为合情合理并有合约依据时，就可以书面提出而不必过多地顾忌业主或咨询工程师的意见，不应存有任何恐惧心理和思想负担，也无需惧怕业主或咨询工程师因此而找麻烦。文字记录索赔的行动本身对承包商并无伤害，此外不管谁主观上在乎与否，发生的事件是客观存在，而索赔的成立是建在违约事实和损害后果都已经客观存在的基础之上。

在项目的实施过程中，协商和谈判都是经过反复讨论和交换意见，关键是要最终再以文字的形式加以确认。业主、咨询工程师、承包商三方之间重要的来往都必须采用书面函件，以便作为日后查证时的依据。要注意在具体的信函交往中，必须始终紧扣问题的要害。如果在履约过程中发生扯皮或纠纷，谁能出示文字证据，谁就占据着有利地位。业主或咨询工程师让承包商干什么，可以，请来函告之，白纸黑字写上，就可以干。要建立收发文的签收制度，重要的文件及信函应一式两份，其中一份用于存档，并注意让对方在自己存档的一份上签收及写明收件日期。

在计算有效天数时，接到信函的当天是不考虑的（因为法律上不承认未满 24 小时的时间是一个日历天），要从次日计起。如果限定期限的最后一天是收信人住所或营业场所的法定假日或非营业日，则该期限延至其后的第一个营业日。计算期限时，法定假日或非常日均应计算在内，也就是日历天(Calender Day)。FIDIC合同在涉及天数的限制时，1977年第三版中多采用30天或是其倍数关系，而1988年第四版则为7天或其倍数。

但是，如果在履约过程中，因形势紧迫或时间所限，咨询工程师为迅速处理发生的实际问题，可能临时下达口头指示，事后情况发生了变化，却不愿再做书面确认，或遇到咨询工程师坚持只做口头指示，而并不出示任何文字依据时，承包商就会面对由此可能引发的各类风险，怎么办？这就是下面要谈的问题。

在FIDIC合同的1977年版里，第1.2(3)款与51.2款合起来相当有用，当咨询工程师对承包商的要求和信函不置可否或拖而不复时，这两个条款可使得其口头指示变成书面指示，而1988年版在第2.5款里对此写得更加明确，是FIDIC合同特有的对“默认”(而通常又极易为此形成争议)之法律依据。咨询工程师有时不会向承包商发书面指示的，因为书面的东西可能对他不利，实际上这是一种不称职的表现。但是，想让承包商干事情就必须要表达出来，他至少得给出一个口头指示，这时承包商就可以用上述合同条款保护自己。

当咨询工程师下达了口头指示，承包商在7天之内可以给他发一封确认函，海外项目上常叫做Acknowledgement Letter，7天之内只要咨询工程师不来函反驳或否认，也就是最长只需经过14天时间，那么当初的口头指示就被视为书面指示，这从合约的角度不存在任何异义之处，可以避免日后麻烦和争议，并且足以构成索赔的依据。如果7天之内咨询工程师复函否认了他原来下达的口头指示或反驳承包商的确认函，那么承包商就可以据此停止执行其口头指示的工作。这就是FIDIC合同对承包商的一个很有效的保护，作为承包商应该学会用好这些条款，否则当对承包商久拖不复的问题累计到积重难返时，双方如果无路可走，只能付诸仲裁，这是谁也不愿意看到的结局，尽管这也是解决纠纷的最终归宿。

承包商主动做好各类记录及起草有关文件，是麻烦和辛苦一些，但这是值得的，因为有机会重组在手资料和做出合理取舍，可以尽量随时掌握主动权，并能把想写的东西通过各种方式写到文件中去，有利于力争使得事态顺着自己的思路发展。当然，"言贵有据，语多发复"，首先要写出来，再就是要写好。

要特别重视函件的质量问题，这其中也涉及到对合同文件的正确理解，以及丰富的合同管理经验。有时许多纠纷越搞越复杂，就是由于双方往来函件的质量不高所致。如果承包商的函件一开始就能表达得很准确，便可以避免扯皮。一些没有受过专门训练的合同管理人员所写函件不规范，书面资料措辞不当，由于"词不达意"或"词难达意"而打了折扣，就会产生误解和误释。质量还表现在严谨的措辞上，承包商从事这方面工作人员的英文写作表达能力和语言导向技巧都相当重要，同时应该掌握以换位思维的方式去写，重要文件一定要反复润色和修改，并注意尽量采用 FIDIC 合同条款中的原始说法，不要拖泥带水和扯皮气十足，从而达至更加客观和具有说服力。

在 FIDIC 合同中，解决争端的最终办法就是仲裁。提交仲裁原因就在于人们相信仲裁庭要对所做的裁决给出一个令人信服的论证，而这个论证无疑需要事实的支持。仲裁员认定文字交往为证据，再根据现有的证据得出事实认定，从而得出法律上的结论。但是，在仲裁过程中，谁能提供尽可能多的令人心悦诚服的证据，谁就掌握了争取仲裁员同情的主动权。没有各种大量的书面记录、信函往来等作为支持性文件，仲裁员就会认定举证失败，也就是在仲裁决定中常见到的"我(们)裁定的事实是索赔人举证并不成功"(I(We) FIND as a FACT that the Claimant was unable to discharge the necessary burden of proof.)这类说法，从而根据"举证不能，驳回"的原则，拒绝相关的索赔诉求。

顺便补充一点，承包商在写给咨询工程师或业主函件时的收信人，应采用简单抽象的"The Engineer"(咨询工程师)，"The

Engineer' s Representative"（咨询工程师代表）或"The Project Manager"（项目经理），"The Project Office"（项目办）的格式，而不宜在前面加上具体主管的人名，这样信函是对着机构写出的，并非针对某个自然人。

应该指出，一个成功的合同管理要求签约双方以友好、平等的方式去处理各种问题和矛盾，而在公事公办的过程中，"好记性不如烂笔头"的说法是不无道理的，因为靠大脑回忆的材料往往残缺不一，甚至会经常出现矛盾双方互相矢口否认的情形，容易导致争论和误会，并且也缺乏法律效力。只有在实际操作中把合同纠纷减少到最低程度，真正保护合约赋予双方的权益，才能达至互惠互利，彼此之间才会形成积极、健康和有建设性的关系。为此，必须重视合同管理的这个重要环节——书面文字交流。

投标时的不平衡报价

在国际承包工程的激烈竞争中，承包商必须注意研究投标策略，树立明确的时间和成本观念，使用有效的报价技巧，以保证在标价具有竞争力的条件下，最终获取尽可能大的经济效益。

FIDIC合同属于单价合同，其使用前提是咨询工程师为业主搞好永久工程的全部设计，在标书中提供有关的工程数量B.Q.单并给出预计的工程数量，承包商就此填报出单价。业主通过工程数量B.Q.单的形式，根据承包商相对各分项工程所报单价，可以容易地计算出一个合同金额，并据此进行资金筹措，掌握整个项目的投资轮廓，而工程实际费用则按所签合同单价与经过咨询工程师验工计价时发生的工程数量进行结算。

以下重点探讨承包商如何采用国际上通用的不平衡报价这一投标技巧，尽早更多地获得工程付款。

所谓不平衡报价是相对常规的平衡报价而言，它是指在总的标价固定不变这一前提下，相对于正常水平，提高某些分项工程的单价，同时降低另外一些分项工程的单价。不平衡报价的实质是将合同 B. Q. 单中的单价分别作为工期时间和分项工程数量的函数，即在报价时经过分析，有意识地预先对时间参数与验工计价的收入款项做出对承包商有利的不平衡分配，从而使承包商尽早收回款项并增加流动资金，同时获得可观的额外收入。

不平衡报价主要分成两个方面的工作，一个是早收钱，另一个是多收钱。早收钱是通过参照工期时间去合理调整单价后得以实现的，而多收钱是通过参照分项工程数量去合理调整单价后得以实现的。

尽早收回验工计价　加速项目资金周转

承包商验工计价款回收的快慢对于顺利实施整个项目有着实质性的影响，尤其在市场经济的竞争条件下，资金都是有偿占用，加速资金周转就显得更为重要。

土木工程施工 FIDIC 合同是单价合同，承包商根据业主在招标时提供的 B. Q. 单逐项填报单价，由给定工程数量算出的合同总价只是作为评比标价高低的依据，而实际结算时是用 B. Q. 单中的单价乘以对应发生的工程数量，这是国际施工合同中普遍采用的计价方式。

FIDIC 合同第 60 款(证书与支付)中规定，项目的进度付款是根据已完工作的工程数量和相关单价，采用验工计价的方式。承包商在对业主提供的标书图纸进行认真研究和现场勘察后，应该把握并协调各分项工程收款的前后顺序。承包商在投标编制付款安排时，应该与施工组织统筹考虑，通过适当提高早期施工的分项工程单价，降低后期施工的分项工程单价，使前期工作的收入合理地大些，以便尽早收回资金并加大现金流量，减少贷款及利息支出，甚至可以获得存款利息。

下面通过数学演算，详细说明这个问题(单位:万美元)。

首先，如果采用常规平衡报价，B.Q.单中:

设早期施工的 A、B 两个分项工程报价分别为

$$A=22, B=28, \text{则 } A+B=22+28=50;$$

后期施工的 C、D 两个分项工程报价分别为

$$C=26, D=24, \text{则 } C+D=26+24=50。$$

由于 $A+B=C+D$，前期与后期处于平衡分配的状态。

四个分项工程总报价为

$$A+B+C+D=22+28+26+24=100;$$

现在，使用不平衡报价进行调整。

若 A、B 两个分项报价增加 30%，C、D 两个分项减少 30%，则这时 B.Q.单中:

早期施工的 A'、B' 两个分项工程报价

$$A'=22\times(1+30\%)=28.6,$$

$$B'=28\times(1+30\%)=36.4;$$

后期施工的 C'、D' 两个分项工程报价

$$C'=26\times(1-30\%)=18.2,$$

$$D'=24\times(1-30\%)=16.8;$$

调整后四个分项工程的总报价为

$$A'+B'+C'+D'=28.6+36.4+18.2+16.8=100,$$

仍维持在调整前的水平。

但在调整后，早期施工的 A'、B' 两个分项工程的小计报价为

$$A'+B'=28.6+36.4=65,$$

后期施工的 C'、D' 两个分项工程的小计报价为

$$C'+D'=18.2+16.8=35;$$

$$(A'+B')-(A+B)=65-50=15,$$

$$(C'+D')-(C+D)=35-50=-15,$$

即承包商通过不平衡报价，在早期比用原常规平衡报价提前收回的奖金为 15 万美元，形成了前期与后期的不平衡分配；提前收回的资金占总报价的

$$\frac{(A'+B')-(A+B)}{A+B+C+D}=\frac{15}{100}=15\%。$$

若假设 A、B 与 C、D 的工程验工计价时间间隔为一年，银行存款利息为 5%，则不平衡报价与常规平衡报价形成的利息差为：

$$\delta 1=15\times 5\%=0.75,$$

占总报价的

$$\frac{\delta 1}{A+B+C+D}=\frac{0.75}{100}=0.75\%;$$

若收款前后的时间差为 3 年，按复利计算，则利息差为

$$\delta 3=15\times(1+5\%)3-15=2.36,$$

占总报价的

$$\frac{\delta 3}{A+B+C+D}=\frac{2.36}{100}=2.36\%。$$

由此可见，当金额较大且时间差较长时，仅利息差就相当可观。如果承包商的自有资金周转困难，向银行筹措贷款，则由此引发的损失无疑将会更大。

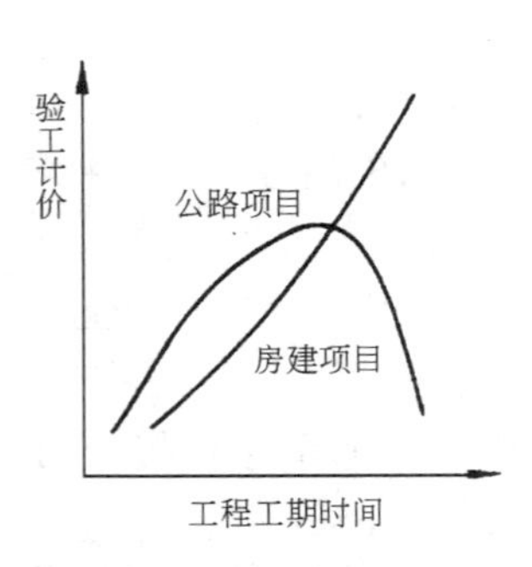

图 1　承包商应回避的常规平衡报价

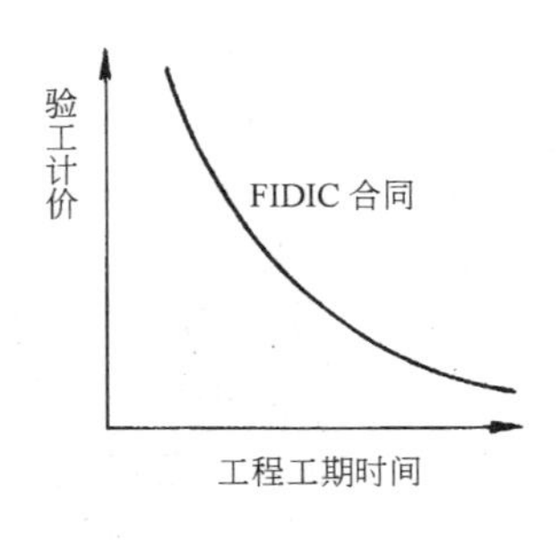

图 2　承包商应追求的不平衡报价

另外，通过对上面图 1 和图 2 中两个验工计价收入—工期时间曲线示意图进行分析和比较，也有助于形象地理解这一问题。其中以公路项目最为典型，因为这种项目的初期临建投入少，而后期路面造价高。承包商应该掌握这两个图中的曲线走势，并且消化变为自己投标的指南。

值得一提的是，当发生 FIDIC 合同第 20.4 款（业主的风险）、第 40 款（暂时停工）、第 65 款（特殊风险）、第 66 款（解除履约）、第 69 款（业主违约）甚至第 63.1 款（承包商违约）的合同中途受阻或终止履约之情况时，不平衡报价的结果将使承包商已经收回项目的大部分工程款，在很大程度上减小了不可预见风险的损失。

分析工程数量变化　合理协调相关单价

国际承包工程市场上的经验表明，所有单价合同的项目在完工后，承包商实际收入的验工计价款与合同金额从来没有相等过，因此不平衡报价的另一基础就是合同 B.Q. 单中的实际施工数量与咨询工程师编制的设计数量存有出入。承包商应该抓住 FIDIC 合同是单价合同的特点，利用合同 B.Q. 单与实际情况的差异，在单价与工程数量的矛盾上做文章，寻找标书中存在的疏漏，在自己核算分析的基础上，投标时做出人为的合理协调，最终挣回潜在的经济收入。

FIDIC 合同第 55 款（工程数量）、第 56 款（需测量的工程）、第 57 款（测量方法）和第 60 款（证书与支付）中很明显，验工计价的具体作法是业主将工程项目各分项工程的工程数量列在标书 B.Q. 单中，投标人在 B.Q. 单中逐一填上各分项工程的单价，乘以相应的工程数量并且求和之后，就得出各分项工程报价的合价，即合同总价，而承包商在履行合同的过程中，验工计价收入则是按实际完成的工程数量结算，这与国内过去普遍流行的概预算方法不同。报价时根据对工程数量变化趋势的分析，承包商应策略性地降低实际施工时数量可能减少的分项工程单价，提高实际施工时数量可能增多的分项工程单价，有意识地做出有利的财务分配，可以增收创利。

下面通过数学演算，详细说明这个问题。

如果承包商在计算成本后，对于 E、F 两个分项工程拟按常规平衡报价填报下面的单价到 B.Q. 单中。

常规平衡报价的 B.Q.单 **表 1**

工程项名　称	B.Q.单工程量（m^3）	实际工程量（m^3）	单　价 美元/立方米
E	5000	（7500）	100
F	3000	（2000）	80

则 E、F 两个分项工程的总报价为

$$E+F=5000\times100+3000\times80$$
$$=740000 \text{ 美元。}$$

现在，使用不平衡报价进行调整。

若 E、F 两个分项工程的单价分别增减 25%，则 E 项工程的单价 x 增至

$$x'=100\times(1+25\%)=125 \text{ 美元/立方米，}$$

F 项工程的单价 y 减至

$$y'=80\times(1-25\%)=60 \text{ 美元/立方米；}$$

调整后 E、F 的总报价为

$$E'+F'=5000\times125+3000\times60=805000 \text{ 美元，}$$
$$(E'+F')-(E+F)=805000-740000$$
$$=65000 \text{ 美元，}$$

即比用常规平衡报价时增加了 65000 美元，并使得合同总价也增加了相应金额。但是，为了保持合同总价不变，这种形式上的增加应予以消除，即将增值调回到零。

调零的方法是将上面调整的单价之一固定，在总价不变的条件下，再对另一个单价进行修正。

若将 F 项工程的单价维持在 60 美元/立方米，设调零后 E 项工程的单价为 x''，并解下列方程式求出其值：

$$5000x''+3000\times60=740000,$$
$$x''=112(\text{美元/立方米}),$$

即 E 项工程的单价调整为 112 美元/立方米。

此时，E、F 两个分项工程的总报价为

$$E'' + F' = 5000 \times 112 + 3000 \times 60 = 740000 \text{ 美元},$$

即调整后仍维持总报价不变。同理，若将 E 项工程的单价维持在 125 美元/立方米不变，也可求出调零后 F 项工程的单价 y''。

承包商在综合比较后，通常提高预计实际工程数量发生概率较高的那些分项工程的单价，并对其他分项工程进行调零修正。下面的表 2 就是 E、F 两个分项工程在不平衡报价时填报到 B.Q. 单中的单价。

不平衡报价的 B.Q. 单 **表 2**

工程项名称	B.Q. 单工程量 (m^3)	实际工程量 (m^3)	单价 USD/m^3
E	5000	(7500)	112
F	3000	(2000)	60

这样，投标在递交标书时，纸面填报的 B.Q. 单中，保持了不平衡报价的总报价与常规平衡报价的总报价完全相等。

但是，承包商在执行合同的过程中，E、F 两个分项工程验工计价的实际结果却是：

当使用常规平衡报价时，总收入为

$$7500 \times 100 + 2000 \times 80 = 910000 \text{ 美元};$$

改用不平衡报价后，总收入为

$$7500 \times 112 + 2000 \times 60 = 960000 \text{ 美元};$$

不平衡报价比原常规平衡报价实际上多收入

$$960000 - 910000 = 50000 \text{ 美元}。$$

承包商应该认真对待不平衡报价的分析和复核工作，绝不能冒险乱下赌注，而必须切实把握工程数量的实际变化趋势，测准效益。否则由于某种原因，实际情况没能像投标时预测的那样发生变化，则承包商就达不到原预期的收益，这种失误的不平衡报价甚至可能造成亏损。

可以通过数学演算，对此做进一步的说明。

假设 E、F 两个分项工程实际完成的工程量分别为 u_1、u_2

(m^2),

则当下列不等式成立时,承包商就将发生亏损:

$$112u_1 + 60u_2 \leqslant 100u_1 + 80u_2$$

如果令不平衡报价单价为 p,常规平衡报价单价为 q,即可得出广义上的约束条件通式

$$\sum_{i=1}^{n} p_i u_i \geqslant \sum_{j=1}^{m} q_j u_j$$

因此,承包商必须掌握这一广义上的约束条件不等式,在报价时控制不平衡报价的实际总收入在大于(极限到等于)常规平衡报价的总收入之范围内,以此指导分析有关分项工程盈亏的临界点,避免出现亏损,并根据具体情况灵活加以运用。

值得一提的是,在项目实施过程中,当合同价格变化幅度超出FIDIC合同第52.3款(变更超过15%)规定之±15%时,足以说明咨询工程师原标书准备得不好,造成逼业主被迫修改有关原合同图纸、项目内容甚至由咨询工程师根据第51.2款(变更的指示)发出变更令的态势,承包商因此可以协商调整有关单价,额外增加费用,将处于相当有利的地位。

在保证总标价维持不变和尽可能低的条件下,进行上述两个方面的不平衡报价时,承包商必须注意要控制在合理适度的范围。通常两种情况下的调整幅度均在30%以内,也可视具体情况再高一些。因为若不平衡报价的上下浮动过大,与正常的价格水平偏离太多,容易被业主发现并被视为“不合理报价”,从而降低中标的机会甚至被判作废标。

使用不平衡报价进行FIDIC合同的编标时,承包商应该做出验工计价收入—工期时间曲线,并分析工程数量实际变化的趋势,从整体上权衡标价是否得当合理,控制升降幅度,实现增收创利。

合同报价时资金的动态分析

国际承包工程的投标报价涉及面相当广泛，属于技术与经济紧密结合的综合技巧，是一个项目的关键阶段。报价的成功与否不仅关系项目的中标，而且将直接影响到日后的经济效益。虽然从时间上看，报价工作与整个项目管理过程相比是一个很小的部分，但该阶段工作的优劣对于工程的最终结果影响至关重大。

承包商在报价时，不可静止地看待项目涉及的资金问题，因为实施情况随时都在变化，资金处在生成利润的循环过程中，处于运动状态。要对资金运作的全过程中每一阶段的资金占用数量和时间做出动态分析，进行盈亏预测，试算平衡，找出并控制好极限点，预先做出妥善安排。另外，国际承包工程中资金使用的效益还与业主付款的货币种类和汇率紧密相关，应该注意配有适当的措施。以下重点探讨项目报价阶段如何合理运用资金的一些问题。

资金的利润回报

项目在实施过程中需要大量的资金投入,因此要特别注重产出的经济效益。在计算项目的报价时,承包商应该经常对自己提出这样的问题:“我们对项目投入了这些资金,那么产出的利润是多少呢?”

承包商在投标前进行投资回报的分析计算时,应该以下面的不等式作为指导原则:

利润回报≥投资金额+利息收入

承包商一定要注意做好项目的经济可行性研究和客观决策,不能盲目地承揽项目,继而投入资金。一般计算出的投资年回收利润,至少要高于银行存款的年利收入。对于确无把握的项目,宁可放弃投标,也不能抱着侥幸心理,采取拿标后再说的冒失行动。尤其要防止出现投资容易回收难的问题,确保自有资金运用的整体效益。

由于今天手中的钱比起将来收回时要值钱,而且随着时间的推移,会越来越值钱的缘故,承包商要经常问自己:“将来收到的1美元现在是多少钱?”使现在支出的资金与将来收回的资金能够达到实际上的等值平衡。

在进行项目经济效益的等值平衡估算时,经常采用的是现值分析法。若设年利息为 r,则1美元在未来 n 年后连本带复利为

$$(1+r)^n$$

假定年息为5%,1美元在未来5年中连本带复利为:

$$(1+5\%)^5=1.27625$$

也就是说,今天的1美元,比5年后的1美元要多值28美分。依此类推,如果年息为10%的复利,今天的1美元比5年后的1美元就要多值61美分。这就是所谓的资金折损。

依照上法,可以按年度逐项算出复利及应收回资金的情况,但这样比较繁琐和复杂。在考虑资金折损时,通常利用事先算好的

现值分析表,即现在的1美元到将来第 n 个年度时的价值。承包商据此进行分析,决定项目是否值得一干。

资金回报的周期

FIDIC合同第43.1款(竣工时间)规定了项目的完工期限,承包商对此应该综合考虑,注意时间函数对项目成本的影响,防止随着时间的变化而可能带来的货币和汇率风险。尤其应该注意控制项目的时间框架,选择工程周期适当的项目。对于工期过长的项目,承包商必须认真对待,不可盲目从事。

承包商竞争投标前,应该问自己:“在投入资金实施该项目后,需要多长时间才能收回这一投入并取得合理利润?”有人在计算投入到项目上的资金回收时,往往只是考虑到收回投资的本金,而忽略了在回报周期内这些本金所应产生的利息。资金本身随时都可以生成利息,而利息也是投资的一部分,两者之和才是资金的成本。如果一个项目在完工时只收回了投入资金的本金,没有收回高于银行存款利息的利润回报,从经济效益上看就是失败的项目。因为受物价上涨影响造成的货币贬值幅度,不管是在国内还是在海外,都比银行的利息要高得多,而且工期越长,损失就越大。

对项目的投资,有些可能是一次性的,有些可能是在几年中分期投入的。在分期投入资金时,通常可以按第一次投资的日期计算,将以后的投资用现值分析法换算成目前的现值,然后做出资金的综合动态分析,决定项目的取舍。

国际承包工程项目合同经济关系持续时间较长,少则一两年、多则十几年才能结清账款。在漫长的时间内,各种情况和条件都可能发生变化。承包商应时刻保持清醒的头脑,抓紧收回投入的各类资金,做出尽可能科学的分析和预测。

资金的平均回收周期是相当重要的经济指标。在对项目进行可行性分析时,应该对此认真考虑,尽量减少资金的空档运作。很明显,在其他条件相同的情况下,资金回收周期越短,项目效益就越好。

如果项目管理不善，材料设备交货延误，质量返工，造成工期延误，承包商可能遭致罚款和更大的经济损失。而且由于工期的延长，可能使得占用的自有资金及贷款利息增加，管理费相应增大，工资开支加大，机械设备折旧和使用费提高，物价和其他费用上涨，汇率变动，等等。这些增加的开支只能用利润来弥补和冲减。如果工期拖延过久，则计划利润将全部被冲损甚至造成亏本。

货币贬值的影响

FIDIC合同不要求承包商在投标时就把不可预见的费用如物价上涨等风险因素全部考虑进去，而是主张按照合同条款的规定，由业主随时补偿可能发生的经济损失，从而避免承包商将全部风险预先折算成标价而包括到报价中，以便能够得到具有竞争性的报价，这也是业主的最大利益所在。

为防止物价大幅度自然上涨而造成承包商增加费用支出，FIDIC合同通过第70款（费用和法规的变更）的价格调整条款和调价公式，规定业主将承担物价浮动的实际费用。这种方式可使承包商免受物价风险的负面影响，对于业主降低工程造价也不失为一种有效的手段，尤其适用于合同工期较长的项目。

在履约过程中，当物价指数上涨，施工成本增加，工程造价大幅度提高时，承包商可以根据合同第70款（费用和法规的变更）要求进行价格调整，并由业主追加支付这类意外费用的净值。这种价格调整，对承包商有效减少履约风险和增收创利都非常重要。

目前，国际承包工程项目实际使用的调价公式尚无统一规范和固定格式，并且没有明显的规律可循。不过，所有调价公式的思路都是以某时、某地、某类人工、某种材料和其他费用的价格为基础，随着时间的推移，求出该地在结算时的某个一定金额的验工计价款中工费、材料费和其他费用现行价格与基本价格之比，再乘以该项工费、材料费和其他费用各占合同额的比例，以补偿承包商因物价上涨发生的经济损失。

调价公式不宜过于繁杂，原则上是一个线性公式，其中调价金额是物价上涨的正比函数，即物价上涨越多，承包商所获调价越多。如果在报价时能够做出客观的分析和预测，就能在履约过程中缓解合同单价与市场通货膨胀之间的矛盾，达到保值目的，甚至可以增收创利。

承包商应该熟悉 FIDIC 合同第 70 款（费用和法规的变更）的价格调整条款和调价公式，报价时应认真研究标书中的调价公式及其各种系数对最终结果的影响。特别是在高通货膨胀和货币兑换率不稳定的国家和地区实施项目时，研究调价问题对避免工程费用受价格剧烈波动的影响尤为重要。

承包商报价前应对项目所在地的物价市场进行认真调查和分析，并研究有关立法规定可能产生的影响，对工程实施期间可能出现的情况作出全盘考虑和统筹安排，使调价结果至少与实际情况相符。根据价格指数的变化，承包商在履约时应及时调整生产计划，有意识地增加结算工程款并适时调价，从而增加收入。

如果遇到业主对工期较长的项目在合同中删除第 70 款（费用和法规的变更）的价格调整保值或其他经济补偿条款，不对物价自然上涨等外部因素支付承包商调价款，承包商则应注意在合同谈判时修改这种苛刻条件。否则，只得在合同的价格中预先列入风险保障金，打进一笔应付这种费用上涨的意外费用。对于工期较长的项目，物价风险相当突出和敏感，承包商在报价中将这些潜在损失适当分摊到永久工程的单价中，可以保护自身经济利益。

流动资金的考虑

一个项目的计划利润也许很可观，但如果承包商在实施过程中没有足够的流动资金作为支持，履约中期所获利润又不能满足流动资金需要，就难以维持项目的正常运转，可能导致公司破产，计划利润将化为泡影。

如果流动资金不足,承包商必须考虑银行贷款。这时要采用透支利率,考虑银行将按季复利计息。这样一来,项目的营业额越大,风险也就越大。

国际承包工程在履约中承包商可能面对的最大人为风险是付款,即 FIDIC 合同第 60 款(验工证书与支付)中涉及的内容。如果业主在特殊条款中删掉预付款,承包商在报价计算时则应考虑必要的周转资金及可能承担的利息,并将贷款利息打入项目成本。

承包商在履约过程中尤应尽力收款,抓紧收回验工计价款。FIDIC 合同第 60 款(验工计书与支付)规定,业主支付的项目款项收款周期通常为 30～60 天,以便解决施工过程中所需的部分流动资金。承包商不可轻信业主延误付款的各种借口,因为一旦付款出现问题,将直接影响到承包商流动资金的正常周转,甚至造成断档。承包商应该研究可能影响流动资金的因素,如:项目是否有预付款周转,业主是否有付款保障,扣留的工程保留金是否太高,合同特殊条款中是否出现业主以材料物资抵付工程款项的情况,等等。

工程进度付款要及时结算并确保及时收回,即使是考虑到多种因素,承包商不想根据合同第 60 款(验工证书与支付)和第 69 款(业主违约)与业主终止合同,而是希望根据合同第 60.10 款(支付时间)索要延误利息,也应该特别注意不能拖延过久,必须掌握“量入为出”的理财原则。否则一旦业主发生资金困难,承包商将蒙受无法挽回的经济损失。

由于市场上的资金每时每刻都在自动生成利息,有时闲置资金的浪费年均可达其原值的 20%～25%左右,承包商应该注意尽量减少资金占用,加快资金周转。具体措施如:设法减少材料的库存积压;能够租赁和转让出去的机械设备尽量出手;减少现场的闲置设备,以便收回租金;减少资金成本的增加,尽可能缩短资金的占用时间。对于已经运抵现场的设备和材料的处理,承包商必须注意按照合同第 54 款(承包商的设备、临时工程及材料),事先征得咨询工程师的书面批准才能行事。该款规定,在项目竣工前,业主对于承包商已经运抵施工现场的设备和材料等,拥有绝对的控制权,未经咨询工程师同意,承包商不得将这些物资运出现场,移作它用。

FIDIC 合同第 14.3 款(提交资金周转估算)规定,承包商在呈交计划和施工组织说明的同时,还要提交一份与之对应的验工计价产出配置表,即资金周转流动分析。因此,必须统筹考虑项目实施过程中的资金回收问题,在施工组织安排时与验工计价的财务收支曲线统筹考虑。做好流动资金的预算工作相当重要,这对于确保项目的正常运转十分关键。

流动资金的控制也是相当有价值的管理手段之一。在编制流动资金的预算时,承包商必须考虑项目运作中的各个方面,并避免陷入困境,对资金用款情况要有预案考虑。

币种和汇率影响

由于国际承包工程的财务应收、应付账款涉及到外币和当地币,而相关货币之间汇率的变动可以造成货币价值的变化,因此,签约时与项目完工后同等数量的资金并不会是等值的。承包商在项目实施的过程中,必须注意货币风险。货币不稳定对承包商是一大风险,应该在报价时就做好货币汇率走势的分析和预测,根据项目的实际情况制定有关措施,尽量防范外汇风险,避免或减少可能带来的经济损失。

汇率变动对项目成本将造成直接影响,是承包商经常遇到的主要金融风险,集中表现在通货膨胀造成的物价浮动上。在签约时,工程付款通常以当地货币为计算基础,承包商应力争在合同中采用固定汇率,按照 FIDIC 合同第 72.1 款(汇率)的规定,通过换算确保收到合适的稳定外币,消除各种货币汇率频繁波动对项目成本可能造成的影响。合同中采用的固定汇率,通常是投标截止日前 28 天项目所在国中央银行公布的官方卖价。也有由业主在标书中另做专门规定的情形。

要充分考虑可能发生的各类风险，尤其是在经济动荡、通货膨胀严重的国家和地区承揽项目时，使用合同第72.2款（货币比例），应尽量加大外汇比例。如果工程数量B.Q.单中要做分项分配，应该将前期当地软货币比例调高，先收回当地币并早花出去，尽量采购实物，避免货币贬值可能带来的不利影响，并使得最终获利为硬通货。

项目一般分为外币和当地币支付承包商的工程进度款，FIDIC合同是按照第72.2款（货币比例）规定的外汇百分比直接进行分劈，从而确定应该支付承包商的外币与当地币的具体数额。也有采用分别列出细目支付的情况，这时承包商应注意在报价中安排，避免货币贬值的负面影响。要严格控制外汇支出，最大限度地使用当地货币。

在软通货国家和地区，业主通常喜欢用当地货币支付验工计价，这样可以不承担任何货币浮动的风险；承包商则希望得到可以任意转换成其他国家货币的硬通货，以减少货币因素可能造成的经济亏损。

在非自由外汇和当地经济脆弱、货币贬值严重的国家和地区，必须考虑项目的外汇平衡有余，一定要将当地软货币的比例控制在工程自身能够消化的范围之内。

另外，FIDIC合同第60款（证书与支付）的特殊条件中还应写明与合同第70款（费用和法规的变更）和第72款（汇率/货币比例）有关的一些具体规定，例如当工程数量变化导致付款发生增减后应按相同比例支付，除当地币外的货币应该完全可以自由兑换，等等。承包商在报价时对此应认真研究。

如果承包商得到的大部分付款是当地软货币，而承包商投入的流动资金是外币硬通货，则到工程结束时，即使在账面上获得了当地货币的利润，但受当地货币贬值和汇率变动的影响，承包商拿这些当地币，可能连当初投入的外汇本金也买不回来。这时就出现了账面虚盈的现象。承包商应该特别注意防止账面虚盈，必须明白账面金额（例如应收账款的盈利）未必是实实在在的可以流通的货币，绝不可将账面盈利与实际情况混为一谈。

我国国际承包公司有时出现虚盈实亏的问题(欠账)。出现欠账本身就是经营者的失误，项目经理是有责任的，看着不行就应该停工或放慢施工进度，因为这时引用 FIDIC 合同第 60 款(验工证书与支付)和第 69 款(业主违约)等是很合理的。

"二八法则"的应用

影响任何事物的各种因素不可能是均衡分布的。承包商在报价过程中，应该按照"二八法则"，下大力气去找出那些对事物发展起 80%作用而仅占事物 20%内容的部分，努力解决好这些重点问题。也就是要善于抓住可能影响项目经济效益的主要矛盾。考虑问题的关键是投入的回报要高于一切，而利润的百分比和绝对值应该让位于资金的回报，并据此最终做出决策。

当然，重点也不是一成不变的，这就更要做好动态分析。承包商不可被报价计算时的数字游戏所迷惑，一定要联系实际，抓住重点，拿出具体对策，并把有关问题落在实处。

可能影响项目经济效益的因素很多，但上述各项因素是至关重要的。承包商在报价进行项目评估时，应该经常问自己：

第一，项目的经济结果如何(效益预测)?

第二，资金多久收回(时间框架)?

第三，对资金投入的回报率是否满意(与银行存款利息比较)?

第四，根据现值分析法得出的结论(综合判断)?

这种报价时的动态分析进行得越深入透彻，决策也就会越正确，得标也就越有把握，获利也就越丰厚。另外，对于潜在的问题和风险应该做好准备，要留有充分的余地。

保证金与银行保函

国际承包工程中,业主为了避免承包商违约失控而蒙受损失,通常要求承包商提供经济担保,这是买方市场的特点之一,也是国际公认的业主采取的防范措施。因此,承包商必须根据合同的有关规定,向业主提交各类保证金(Guarantee)。

保证金可以是现金抵押,也可由银行或保险公司开出。由于现金抵押直接影响到承包商的流动资金周转,而保险公司在向业主提供保证金时又相当复杂,并且担保金额较高,因此常见的是通过银行出具的保证金保函(Bank Guarantee),也常称之为保函。保函是在银行书面承诺形式下的保证金,是由第三方提供的一种货币担保,目的是防止承包商在履约过程中出现问题,保函手续费承包商将列入项目成本。

银行出具保函的担保制度一方面可以保证承包商履行合同的严肃性,另一方面因为银行不愿为信誉欠佳或资不抵债的承包商提供经济担保，客观上也起到净化国际承包工程市场的作用。

根据担保的责任和功用不同，国际承包工程中常见的有投标、履约、预付款、工程保留金保函，以及为了某种特殊目的而出具的保函等。以下探讨银行保函的一些问题。

投标保函

投标保函是承包商随报价书一同呈交给业主的，有关条件在合同的投标须知中写明，主要目的是担保投标人在业主定标前不撤销其投标。投标保函通常为投标人报价总金额的2.5%，有效期与报价有效期相同，一般为90天，最长的可达180天。有些业主在招标文件中对于投标保函并不是采用百分比，而是规定一个固定金额，以防止投标的承包商反算推测业主的项目标底或其他投标人的标价。

投标保函的金额定为2.5%是个经验数字，因为统计数据表明，通常最低标与次低标的价格相差在2%左右，后面的各标顺序价格相差也在这一幅度上。因此，如果发生最低标的投标人反悔而撤出投标的情形，则业主没收其投标保函并可授标给次低标，该金额应能弥补两者间的价差。依此类推，业主可以通过没收反悔者的投标保函而避免遭受经济损失。

有时由于评标和议标的拖延，在投标保函有效期将近时，业主可能要求承包商办理投标保函的延期。如果承包商认为在投标后因时效影响造成标价贬值，而业主又不同意为此调整投标差价，形势趋向亏损，就可以通过不再办理延期的手段，趁机合理退出竞标，保函到期即自动失效。这时业主无权向银行索付承包商的投标保函，因为拖延定标是业主自身原因造成的。

定标后，业主将发放全部未中标的投标人之投标保函，以便他们向有关银行办理注销手续并解冻其定期存款或抵押金。

履约保函

履约保函在 FIDIC 合同第 10.1 款(履约保函)、第 10.2 款(履约担保的有效期)和第 10.3 款(履约担保的索赔)中有明确规定,即银行用书面形式承诺负责赔偿承包商签订合同后可能造成的损失,主要目的是担保承包商按照合同规定正常履约,防止承包商中途毁约,以保证业主在承包商未能圆满实施合同时,有权得到资金赔偿。履约保函通常为合同额的 10%,也可能随项目的不同而异,有效期到保修期完毕。

值得注意的是,合同第 10.2 款(履约担保的有效期)中规定承包商除呈交工程保留金保函用于工程保修期的维修,履约保函也要保到工程保修期结束,即在承包商获得最终竣工证书后才予以发放,这与以前的版本不同。承包商应该就此与业主协商,避免对保修期提供双重保函,力争只将履约保函保到施工完毕,不把保修期包括在内。通常是承包商在投标呈交的报价首封函中对此做出明确说明,并在签约时写明履约保函只保到业主发放工程初验证书。因为实际上,履约保函定为合同金额的 10%已经比较高,以此保函金额再来与工程保留金保函共同保证工程的维修对承包商是很不合理的。

中标的承包商必须在投标保函的有效期内呈交其履约保函,业主在拿到履约保函后才能发放中标承包商的投标保函并与之签约。如果中标的承包商未能在中标通知书规定的期限内提交履约保函,则通常其投标保函将被没收。

如果业主在履约过程中临时削减部分工程内容,致使合同金额有实质性减少,则履约保函的金额也应相应下调。

预付款保函

FIDIC 合同一般在第 60 款(证书与支付)的特殊条款中写明

承包商应该向业主呈交预付款保函，主要目的是担保承包商按照合同规定偿还业主垫付的全部预付款，防止出现承包商拿到作为动员费的预付款后卷款逃走之现象发生。预付款保函的担保金额与业主支付的预付款等额，通常可以达到15%，也有更高些的例子，有效期直到工程竣工，实际在扣完预付款后即自动失效。投保金额应随工程进度和预付款的扣还而递减，承包商应定期就递减值获得业主确认并正式通知担保银行，办理相应的减额手续，不断调整保函金额与其相符，减除在发生难以预料的情况时有关责任和有可能被多索付的风险，同时还可逐步降低保函手续费支出。

业主在扣完全部预付款后，即发放承包商的预付款保函。

工程保留金保函

FIDIC合同一般在第60款（证书与支付）的特殊条款中规定在每次发放承包商的验工计价款时扣除工程保留金，作为一种持有保证，目的是保证承包商负责对项目完工后的工程缺陷进行维修，作为弥补工程不符合质量而进行返工时的备用金。业主通常从每次验工计价中扣款10%，当到达合同总价的5%时为止。合理的工程保留金最终应该为5%，也有高达10%的情况，有效期到保修期为止。当咨询工程师发出工程初验证书时，向承包商发放一半的工程保留金，余额直到保修期满的一段缓冲时间后，再予以全部发放。通常合同中规定承包商可以采用银行保函的形式，换回在押的保留金现金，以便增加承包商的流动资金，以利其施工中的资金周转。

实际运作中，业主经常以各种借口（例如清关清税）拖延甚至拒绝发放保留金，尽管承包商百般交涉和周旋，有时也很难拿回保留金保函。因此，有些国际承包公司在报价阶段就将保留金打入到工程成本中。

免税进口材料物资及税收保函

FIDIC合同第54款(承包商的设备、临时工程和材料)的特殊条款中(有时还加列第73款)通常规定承包商应向业主呈交免税物资及税收保函,主要目的是为了确保承包商将进口的材料物资全部用于其承包的免税项目,并且必须按合同规定交纳当地的有关税收。这种保函的金额一般与各类税金相等,有效期到保修期过后。如果海关发现承包商倒卖免税物品从中渔利,或者税务部门证实承包商偷漏税时,业主可以采取惩罚措施,为此没收承包商的保函并向银行提款,作为补交各类税金和罚款。有时业主不设置此保函,而是利用保留金保函控制承包商的清关清税。

在工程竣工后,承包商按合同规定应该办理清关,将临时进口的免税机具设备等运出项目所在国之国境或上税后转卖,并向当地税务部门交清全部所得税等应纳税款,提交了海关和税务部门的全部有关文件,业主在认为满意后才发放保留金保函,而并不是在工程保修期后就发放。

承包商也可在原项目尚未结束时力争获得新的免税工程,在办理了相应的批准手续后,通过有关部门出具证明,转移原进口的机具设备到新的工程中使用。因此,承包商应注意保存好全部有关的原始单证,避免遗失。

"首次要求即付"保函

"首次要求即付"保函(英文叫 to pay to the Employer … upon notification from the Employer to the Bank … immediately without the necessity of a previous notice or of judical or administrative procedures)就是当业主凭保函向银行索偿时,银行不再征询承包商意见即立刻兑现,属于一种无条件保函。这种保函在索偿兑现前完全剥夺了承包商的申辩权利,是所有银行保函中潜在风险最

大的一种。承包商对于这类保函要特别慎重，因为尽管保函是由银行开出的，实际上银行只是起到第三方的代付作用，而最终的全部费用和风险仍将由承包商自己承担。

承包商必须分析项目所在国的政治和经济形势，掌握业主的信誉和财力，项目资金来源及可靠程度等，同时应对保函格式中的具体内容逐字逐句进行认真研究。在开出的各类保函中应该尽量避免"索偿即付"这类字句，最好能在业主书面索偿与银行付款之间留有一定空隙期限，以便有一个缓冲时间。如果迫不得已，承包商还可抓住这一时机立刻向仲裁庭或通过律师向当地法院提出紧急诉讼，申请暂时冻结保函的措施，以防业主凭保函向银行索付保证金的立刻发生，从而保护自身利益，使有关争端日后听从法院调查和处理。

国际承包工程中，业主根据合同凭保函向银行索偿的情况时有发生。有时业主可能借故凭保函向银行无理提款，甚至发生欺骗案件。承包商应采取相应防范措施对付可能出现的无理提款，避免这种风险的发生。

FIDIC 合同并不提倡使用"首次要求即付"保函，而是主张业主在向银行索偿之前通知承包商，说明其导致索偿的违约性质，这可从合同第 10.3 款的字里行间看出。因为如果业主可以不需任何理由就没收承包商的保函，必然导致承包商在投标时就把这类意外风险考虑进去，将有关费用全部折算到标价当中，以补偿不可预见的危险，造成标价的不合理增加，难以取得有竞争性的投标结果。

如果业主的信誉和财力相当有限，但在标书中又坚持承包商出具金额较大且期限较长的"首次要求即付"的保函，承包商应考虑要求业主出具银行的付款反担保函，以保证自己的工作能够得到支付。但实际运作中除非承包商带资承包，为项目提供信用贷款，业主一般是不向承包商提供付款保函的。在综合分析各种情况后，承包商就要充分考虑若冒如此大的风险，万一出现问题，能否确保盈利，是否值得参与这种投标。

保函的“转开”与“转递”

业主一般在招标文件中限定承包商必须经由项目所在国的一家第一流的银行出具保函,或在外国银行开出保函后,通过当地一家中间银行向业主呈交保函,这家中间银行通常是项目所在国的商业银行。

我国国际承包工程公司应尽量说服业主接受中国银行直接开出的各类保函,并在开出保函前就此获其书面确认。如果必须通过当地一家中间银行向业主呈交各类保函,则应该特别注意在具体办理时,掌握“转开”与“转递”之间质的区别,力争办理“转递”,因为这将直接影响承包商的潜在风险及其有关费用。

“转开”(Endorse 或 Counter-guarantee)时,当地银行视这种情况为“首次要求即付”类保函,承担直接责任。如果发生业主索偿的情况,当地的“转开”银行立刻办理支付手续,事后再与原开证行进行财务结算。因此,“转开”对于承包商的风险较大,同时还要承担与直接开出时相同的银行保函手续费,承包商这时等于双重付费(原开证行+转开行)。

“转递”(Authenticate)时,当地银行只是起到联络作用,承担的是间接责任。如果发生业主索偿的情况,当地的“转递”银行只是负责传递信息给原开证行,并且以其意见为准。若原开证行不同意支付,则当地的“转递”银行只需原话转告业主即可。若原开证行同意支付,则必须给其汇款,“转递”银行要待收到这笔款项后才能转副业主。因此,“转递”不仅可以降低承包商的风险,而且手续费仅几个美元,甚至有的银行考虑到与承包商的业务关系而不收任何手续费。

银行保函就是金钱,是一种应承包商的请求在特定条件下而开具的可支付的承诺文件,也是以经济形式对承包商履行合同义务的担保,实质上相当于承包商在特定条件下交给了业主一笔可向银行索换为货币的保证金。保函一经开出,在其有效期内承包商不能撤销,并且要承担银行开出的保函之全部风险,通常是以承包商在银行的等额定期存款或抵押金为代价的,银行并不承担任何实际风险。因此承包商对于开具保函必须十分谨慎,具体办理时要认真研究保函及索付条件等,重视保函内容和文字的严密性。

承包商的项目经理应对各类保函及其条件了如指掌,注意平时对保函的管理,指定专人负责。必须及时撤销并收回有关保函,避免业主在承包商办理延期前,借口担心保函自动失效而趁期满前向银行索偿,造成被动。另外承包商应该及时办理减额手续,减少可能暴露在外的各类风险。

进度计划条款

国际承包工程在施工过程中，承包商应做好施工组织进度计划，注意在履约时分析各工序间的相互依赖和制约关系，找出影响工程进度的关键工序即关键路径，运用 CPM/PERT 图的反馈功能，对各种干扰因素可能影响进度的概率及进度拖期的损失值进行预测和调整，抓好实施阶段的进度控制。以下我们探讨 FIDIC 合同有关进度计划的第 14 款和其他有关条款的应用。

第 14.1 款　应呈交的进度计划

承包商在投标时应呈交一份进度计划，通常还附有施工组织说明、机械设备清单、外汇支出比例、主要管理人员名单和履历等。这些资料在咨询工程师进行评标时必不可少，尤其是为了确信承包商在投标阶段已经认识到为保证项目工期所应做的相关工作——但这时呈交的进度计划并不属于该款定义的进度计划。承包商在报价时应对工期问题做出认真分析和可行安排，因为进度控制和施工方法直接影响到工程的各类费用。

一旦获得业主的中标通知书，承包商在合同第 14.1 款特殊条件规定的时间期限内（一般为 21 天）应呈交一份进度计划和施工组织说明，并获得咨询工程师的批准。这时提交的进度计划和施工组织说明应该更准确，是对投标时的修订，目的在于经济而有效地利用人员和设备等资源，确保合同的圆满结束。进度计划通常是有时间坐标的棒图和 CPM/PERT 图，相应的施工组织说明要对工序安排和施工方法做出大致的文字描述。

FIDIC 合同认为承包商应该对其工程和经济行为承担最终责任。进度计划完全由承包商负责，施工组织应自行安排，呈交给咨询工程师只是为了听取建议性意见，咨询工程师仅对其中欠妥或不符合合同之处提供咨询，给承包商参考。

尽管在合同中明文规定承包商应呈交进度计划和施工组织说明并获咨询工程师的批准，但这些资料通常不属于合同文件（在 FIDIC 合同协议格式第 2 节所列合同文件的清单中也没有进度计划和施工组织说明），并不增加业主或承包商的合同义务，只是提供了一个时间参照系，业主和承包商都不受其制约。承包商在签约时不能接受将进度计划强行列入合同。

实例一：

某业主在标书中强制承包商必须满足标书规定的施工方法，要求投标人在投标时附进度计划和施工组织说明，在签约时特别说明后又将此列入合同中。承包商签约后在施工中发现按标书的施工方法根本无法施工，提出按第 51.1 款由工程师发出变更令后改按可行的施工方法继续施工。

促裁判定：

1）投标时所附计划和施工组织说明并不是合同第 14.1 款的进度计划；

2）由于签约时已做特别说明并列入合同,这个进度计划和施工组织说明构成合同的一部分。因此,只要法律和实际上可行,承包商有义务按该计划的进度安排施工;

3）经证实,标书中原规定的施工方法确实不可行。因此,新的可行的施工方法改变了这类工作的性质,承包商应得到变更令并为此获得补偿。

分析:

若承包商在签约时不承认投标时提交的进度计划构成合同之一部分,则该计划属于第14.1款范畴,对双方无法律约束。这样,承包商就会更主动,所有风险将由业主承担。

FIDIC合同的总原则是承包商应该按期完工,但如何达到目标或采取什么手段则应由其自主做出切合实际的施工组织安排。咨询工程师代表业主监督工程进度,但无权改变或干预承包商安全、均衡和准时地完成合同的义务。

如果承包商没能按该款呈交进度计划,FIDIC合同并不认为这就构成承包商违约,因业主很难证明仅只由于承包商没能提交进度计划而造成其重大损失。但是,承包商将为此失去运用下列合同条款的依据,难以维护自身利益,处于被动地位:

第6.4款　咨询工程师出图延误而不能满足承包商的施工进度安排;

第12.2款　外界障碍或条件干扰按原进度计划施工;

第20.4(g)款　咨询工程师设计不当造成的风险损失;

第27.1款　施工现场发现化石或类似事件对进度的干扰;

第31.2款　其他承包商的干扰;

第36.5款　测试的影响;

第40.2款　合同中途停工的影响;

第42.2款　业主征地延误造成进度落后;

第44款　顺延工期没有根据,缺乏原进度计划作参照系;

第51款　变更令的影响;

第53款　进度计划将有助于发生索赔后的时间评估;

第59款　指定分包商的工期延误；

等等。

因此，承包商应主动按该款规定提交进度计划并获取咨询工程师的批准，作为各类索赔的时间参照系，强化自我保护地位。由于FIDIC合同对于承包商提交计划后咨询工程师的批准没有做时间上的定量规定，也有些咨询工程师考虑到不呈交进度计划只有承包商本身的利益受损，从不催促承包商提交这一计划或掩而不复，却准许其施工。对于这类咨询工程师承包商应该特别小心。

实例二：

某承包商按FIDIC合同第14.1款提交了按期完工的进度计划并同时标出咨询工程师应在各道工序施工前提供相关图纸的时间。但在施工时咨询工程师没能满足出图时间表，因而造成整个工程拖期。

仲裁判定：

根据FIDIC合同第6.3款和第20.4(g)款，咨询工程师有义务满足承包商正常施工的用图需要。由于承包商已对图纸需求早有图表和文字提示，应该赔偿承包商停工待图的全部经济损失并顺延合同工期。

分析：

承包商充分运用了第14.1款、第6.3款和第20.4(g)款，事先抓住了咨询工程师设计能力的弱点。

第14.2款　修订的进度计划

计划的不变是相对的，变化是绝对的。承包商应经常运用群体网络系统对影响进度目标实现的干扰和风险因素进行分析，及时调整资源冲突，修订其进度计划。

咨询工程师有义务为维护业主的利益，按进度计划随时掌握施工进度变化并监督承包商的履约情况。当发生工程未按计划进行时，咨询工程师有权要求承包商提交修订的进度计划，以确保按期完工。值得注意的是这里的按期完工包括了合同第44款项下的正常延期，因此，咨询工程师应在要求承包商修订进度计划之前，根据实际情况批复第44款的延长工期，以利调整进度计划。如果咨询工程师做不到这一点，那么承包商将敞开为此索赔赶工费的大门，尤其是若承包商最终得到了曾遭拒绝或拖而未复的工程延期时。另外，承包商应注意咨询工程师不能按第6.4款和第20.4(g)款提供图纸及对自己施工进度的影响，并对此索赔拖期和停工待图费。

如果承包商在施工中只是不能按原进度计划完成某些单项工序时，尽管咨询工程师可以根据第63.1款提出多次警告，但这本身并不构成承包商的违约。承包商有权根据第8.1款和第8.2款合理支配实施工程所需资源及施工方法，只要能保证最终的工期即可。

尽管在实际安排施工时承包商力图比预定的合同工期提前完工，但在向咨询工程师呈报各类进度计划包括修改计划时应该注意务实并留有余地，否则再次申请延期时将有不利影响。

实例三：

在某房建项目的合同中明确工期为29个月，并附加了承包商进驻工地后7天内应呈交进度计划的条件。承包商在签约后提交了一份进度计划，标明在25个月内完工。在实施后期发生的争端中承包商认为该进度计划根据第14款不是合同的一部分，承包商仍可在29个月内完工而不受25个月计划的限制。

仲裁判定：

1）进度计划构成合同的一部分，因为签约时有此附加条件；

2）承包商应在25个月内完工；

3）业主没有提供资源及财务帮助以保证承包商在25个月内完工的合同义务。计划在25个月内完工只是承包商的一厢情愿，提前完工很大程度上是为了其自身利益，如减少支出和节省管理费。

分析：

承包商提出缩短工期的计划只是给自己增加了义务，但没有明确权力，造成被动。如果确想提前完工，应将业主为确保提前完工的相关义务也写入合同。

第 14.3 款　提交资金周转估算

一般承包商在呈交计划和施工组织说明的同时，还要提交与之相对应的验工计价产出配置表，即资金周转估算。尽管这一资金周转估算表只是供业主在筹措资金、安排付款时参考，与第 60 款的付款条件毫不相干，但它对于指导承包商的资金回收却相当重要，也是承包商的利益存在。

国际承包工程这一经济技术活动集中到付款这一焦点上，因而验工计价的资金周转快慢对顺利实施整个项目有着直接影响。在当今的竞争社会，资金都是有偿占用，企业的活力在于加速资金周转。

承包商在施工组织安排时应与验工计价的财务收支曲线统筹考虑，要在报价时就安排尽早收回资金，多摊入一些到早期的施工单价中，使 B.Q. 单的前期工作收入合理地大些，减少贷款数额及利息支出或获取较高的存款利息收入，因为从业主处可以得到的工程预付款毕竟有限。

咨询工程师同样有权要求承包商随进度计划的修改而提交相应的修订资金周转估算。

实例四：

某公路项目在签约后承包商提交了进度计划和资金周转估算表，将前期收款安排得很大，承包商认为业主应按此资金周转估算表付款。

仲裁判定：

承包商的合同单价与签约后所提交的资金周转估算不匹配，不能按提交的资金周转估算表调整，仍应按合同中 B. Q. 单的各工序单价付款。

分析：

承包商应在不影响总报价水平的前提下，投标时就将 B. Q. 单中前期工序如临时营地的单价合理地增大，而将后期如最后一道工序路面磨耗层的单价适当降低。

第 14.4 款　不解除承包商的义务或责任

承包商呈交了进度计划、施工组织说明和资金周转估算甚至咨询工程师的批复都不能解除其合同义务，不能成为推卸各类责任的借口。如果咨询工程师对计划和资金周转未置可否，也不意味着可以解除承包商的责任。

实例五：

某承包商按第 14 款呈交了进度计划、施工组织说明和资金周转估算全部资料，并均获得咨询工程师的批准。然而在施工中承包商提出由于工程量的变更影响了工程的正常进度，不能保证经济、高效地施工，要求业主对此给予经济赔偿。

仲裁判定：

工作量的增减在 8%以内，没有超出第 52.3 款变更令规定的 ±15%合同范围，承包商的要求毫无根据，不能以影响其自身进度为借口向业主索赔。

分析：

承包商忽视了 FIDIC 合同第 52.3 款是一个明示条款，对双方具有法律约束力。

B.Q.单的运用技巧

FIDIC 合同属于单价合同，主张“量价分离”，以便通过程序公开、充分竞争、机会均等和一律公平对待承包商的方式，创造使得所有参与投标的承包商能在同一起跑线上公平竞争的机会。

由于工程数量 B. Q. 单(Bill of Quantities，简称 B. Q. 单)是 FIDIC 合同的主要附件之一，合同中业主与承包商的经济关系几乎全部是通过 B. Q. 单的形式联系起来的，因此 B. Q. 单在 FIDIC 合同的文件中占有相当篇幅，地位也颇为特殊和重要。

B.Q.单的形式

B. Q. 单在结构上通常分为若干个子项，以便使用者能够分类查找。举房建项目为例，这种子项一般是按工序划分，可能包括清理现场、土方开挖、混凝土工序、砌砖工序、沥青工序、封顶工序、木工工序、沟缝工序、钢结构、金属、给排水管道、抹灰工序、水电、油漆、内装修和围墙，等等。

每个 B.Q.单的表格都是由若干个竖列构成，其中最左边的一列是项目序号，第二列是对需要填报单价的单项工程的技术性描述，第三列是该单项工程的规定数量(实际上是咨询工程师的估算数量)，第四列是该项工程的对应单价(发标时是空白的，应由承包商在投标时逐项自己计算并填上)，最后，在最右面的竖列是用第三列数量乘以第四列单价得出的小计价格(发标时也是空白的，要由承包商在投标时自己计算并填报)。最右面一列的数字之和列在每页 B.Q.单的下端，将各页下端的结果累计相加，即可得出承包商项目投标的报价总额。

承包商根据业主在招标时提供的 B.Q.单，逐项填报单价并以此作为项目实施时的计价基础，而由给定工程数量算出的合同总额只是作为评比标价高低的依据，完全是一个虚的数字，因为工程结算时是用签订合同时 B.Q.单中的单价乘以对应发生的实测完成工程数量，即所谓的“量变价不变”。

B.Q.单中预列的分项工程数量通常难以算准，与实际情况可能有一定的出入，从而影响承包商的项目成本。当实际完成的工程数量与合同 B.Q.单中的数量不一致时，将会形成承包商实际收入的差异。因此，合同第 51 款/第 52 款(变更、增添和省略)明确了允许进行调整的界限，规定工程数量的增减幅度超过原始合同额的±15%时(1977 年第三版中为±10%)，承包商就可以以履约的经济条件发生紊乱为理由，要求对应收款项目予以调整，这里的原始合同额并不包括合同第 52.4 款(点工)、第 58 款(暂定金额)和第 70 款(费用和法规的变更)所列的费用，更不包括合同第 53 款(索赔程序)发生的索赔金额。

使用 B.Q.单结算的最终财务收入分别是工期时间和分项工程数量的函数，在投标时对于单价及利润的确定必须十分慎重。如果单价填报得偏低，承包商就要冒工程亏损的风险；而单价过高，就可能影响承包商的项目中标。

B.Q.单的功用

采用英国式的 B.Q.单方式付款时，业主是按照承包商完成的实际工作量付款。在使用 FIDIC 合同第 60 款(证书与支付)时常说的“验工计价”，就是指的核验实际完工数量，再按 B.Q.单中的单价乘以这些数量，并据此计算出向承包商付款的金额。这种支付方式现在已被国际承包合同普遍采用。

B.Q.单支付方式的特点在于，业主雇佣的咨询工程师在对图纸和技术规范做出分析后，将整个项目分解成若干细目，经过计算再标明每个施工工序的估算工程数量，并写在标书上。承包商在投标时只需填上对应的单价，这样就可以计算出一个总价，也就是签约时的合同额。这个填上了价格的 B.Q.单，在合同中通常具有三种不同的功用：

1) 作为计量验工付款的基础；

2) 作为评估工程变更的基础；

3) 作为得出一个最终的实际费用或核算最终合同价格之基础，而与工作数量是否发生变化无关。

即使是使用 B.Q.单很有经验的人，也有可能被上述第 3)项搞糊涂。如果不考虑工程变更可能造成的影响，施工的最终数量怎么会与合同中的原始数量有差别或发生变化呢？但是，这种现象可能从两个方面发生。

一方面，不管是否发生了合同第 51 款/第 52 款(变更、增添和删除)的工程变更，验工计价时，都应该以实地复测完成的工程数量为准，承包商的实际收入是 B.Q.单的单价乘以实际完成的数量之和。另一方面，咨询工程师在根据合同图纸编制 B.Q.单时，对于工程数量的估算不可能绝对准确，甚至难免出现各种错误，因而承包商实施的工程数量就不可能与之吻合。这种情况在大型项目上尤为突出。

标准计量方法

FIDIC合同在投标须知中规定，如果B.Q.单中的单价与总价矛盾，应以单价为准；如果数字与英文文字矛盾，应以英文文字为准。因此，承包商在填写B.Q.单中的工程单价时要特别注意，以免因笔误而影响项目工程价款的收取。

如果在合同中没有就实测工程完成数量应采用的具体技术方法做出明确规定，则承包商在编制标书时，期望通过在结算过程中以实测完成工程数量而达到早收钱和多收钱的目的就无法落实。例如，在计量一立方米的土方开挖时，从理论上讲，基于以下四种方法都是可行的：

1）对开挖出来的土料进行实际测量，不留任何余地；

2）对开挖后的坑穴进行实际测量；

3）通过查阅施工图纸，从数学上计算得出；

4）按照上面第3)法计算，但同时也进行现场测量，对施工的开挖留有适当余量。

业主、咨询工程师和承包商可能在采用何种方法进行测量的问题上产生分歧。因此，在B.Q.单中需要规定对承包商完成工程所用的测量方法和原则，并以条款的方式予以明确。为了避免问题复杂化和产生误解及由此可能引发的额外费用，合同中通常在第57.1款(计量方法)的特殊条款中规定参考的权威性“标准计量方法”，一般是权威机构出版的有关标准。常见的有英国ICF出版的《土木工程标准计量方法》，或使用英国国家建筑业主联合会和皇家注册测量师学会共同出版的《标准计量方法》作为借用标准。

B.Q.单的后部通常列有“暂定金额”(Provisional Sums)一项，这就是合同第58款(暂定金额)所述的内容。FIDIC合同中的这一条款几乎全部是从ICE合同照抄过来的，因而极富英国特色。对于初次接触FIDIC合同的人来说，这条款确实显得相当复杂并且很难理解。这种费用并无合同规定,“暂定金额”也没有法律含义,通常是用于应付施工中将要出现的一些不可预见的工程数量,有时业主在直接分包部分零小工程或是通过咨询工程师按照合同第 51 款/第 52 款(变更、增添和省略)发出工程变更令的形式时使用这笔预列费用。

由于“暂定金额”通常是固定的,或者在合同总价中所占比例较小,对于报价水平的竞争力并无什么实质性的影响,因此,有经验的承包商在投标时可能采取将暂定金额中的单价适当提高的策略,以达到最终验工收入的实际增加。

工程变更令对 B.Q. 单的影响

当业主要求承包商完成 B. Q. 单中没有列出的工作或者删除已经列出的工作时,一般是通过咨询工程师发出工程变更令的方式执行,这就是合同第 51 款/第 52 款(变更、增添和省略)所述的内容。

在 FIDIC 合同的条件下,履约中除了根据第 60 款(证书与支付)的规定,按照 B. Q. 单的单价进行正常的验工计价以外,承包商赖以创收的三大支柱是:索赔、工程变更令和物价浮动时的价格调整。除了按照合同第 53 款(索赔程序)进行合法索赔外,承包商还可以通过价格调整得到额外收入:一种是由于设计图纸和工作内容的变更,致使工程数量变化超出合同总价的 ± 15% 时(1977 年第三版中为 ± 10%),但注意,这里不包括合同第 52.4 款(点工)、第 58 款(暂定金额)和第 70 款(费用和法规的变更)的费用,业主对价格的新增部分相应做出合理的价格调整,属于合同第 51 款/第 52 款(变更、增添和省略)涉及的工程变更令;另一种是由于受涨价因素影响而进行的价格调整,即合同第 70 款(费用和法规的变更)物价浮动时的价格调整。

工程变更是由负责管理项目的咨询工程师按照合同第 51.2 款(变更的指示)发出的,承包商必须执行并有权按照合同第 51 款/

52款(变更、增添和省略)得到相应的经济补偿。如果合同B.Q.单中即无现成参考单价,又不能采用插入法或者“按照比例”(Pro-rata)进行推算,这时承包商就有权重新报价。承包商一定要把正常的工程变更与索赔严格区分开来。凡属可以通过工程变更得到补偿的,不要再以任何索赔形式另外提出,这样可以避免出现不必要的和无休止的争议。

对于业主来说,由于使用了B.Q.单,即使不考虑第51款/第52款(变更、增添和省略)、第70.1款(费用的增加或减少)和第53款(索赔程序)等诸多因素的影响,签约时的合同价格与最终的实际支出也永远不会相等。咨询工程师应该接受承包商在B.Q.单中任意分配其管理费及各种费用,而不必再做出相关解释。因此,填报B.Q.单就使得承包商能够利用不平衡报价的技巧,增收创利的机会。

所谓不平衡报价是相对常规的平衡报价而言,主要分成两个方面的工作,一个是早收钱,另一个是多收钱。它是指报价时经过分析,在总的标价固定不变这一前提下,相对于正常水平作出人为调整,有意识地预先对时间参数与验工计价的收入款项做出对承包商有利的不平衡分配。承包商通过参照工期时间去合理调整单价达到早收钱的目的,尽早收回资金,以利资金周转;通过参照分项工程数量去合理调整单价达到多收钱的目的,即对那些日后可能增加工程量的单价尽可能调高,以便项目实施时能够顺理成章地增加收入。

B.Q.单的法律意义和实际意义

FIDIC合同第55款(工程数量)和第56款(需测量工程)中明确写明,“B.Q.单中所列工程数量是估算的工程数量,它们不能作为承包商履行本合同规定义务过程中应予完成的工程的实际和确切的工程数量”,“咨询工程师应根据合同通过实际测量来核实并确定工程的价值,再根据合同第60款(证书与支付)支付承包商的应得款项”。合同的这两个条款规范了B.Q.单的法律功用,限定了承包商根据合同第60款(证书与支付)得到付款的具体方法,被称为“计量条款”。

如果实际施工中完成的工程数量超出或少于B.Q.单中所列的原始数量,造成的增减是由于承包商的工作失误所致,则承包商无权进行任何经济索赔。但是,与B.Q.单直接相关并且影响到承包商收入的是合同第51款/第52款(变更、增添和省略),如果是咨询工程师为项目实施而指示变更工作,承包商应要求咨询工程师发出合同第51.2款(变更的指示)的工程变更令,同时提出新的单价,并按此新单价要求业主对变更工程进行补偿。另外,在进行工程变更估价时,最初主要是参考并依据合同B.Q.单中原有的费率或价格,并以此作为基础。不过,合同第51款/第52款(变更、增添和省略)明确允许合同中B.Q.单的价格出现偏离,咨询工程师最终有权“确定他认为合适的此类费率或价格”。但是,合同第2.1款(咨询工程师的权利和义务)中规定,咨询工程师的这种权力应该获得业主的书面认可。根据合同第51款/第52款(变更、增添和省略)的内容,当引用工程变更令条款时,依咨询工程师甚至仲裁员的意愿而定,数量的差异就会导致B.Q.单中价格的差异,似乎又无需以业主的名义发出工程变更令。FIDIC合同中的“计量条款”对于再计量使用的方法实际上没有做出明确的规定(保持了沉默或说比较模糊),因此使得许多承包商据此进行索赔,认为该条款的意图就是承包商应该得到与B.Q.单中价格不同的“合适价格”。

在对B.Q.单的内容进行解释时通常使用两种原则,一种是“价格包含原则”(Inclusive Price Principle),另一种是“字面直释准则”(Verbatim Criterion)。前者认为,承包商所报工程单价是考虑了完成所述工作相关的全部费用,其中不仅限于工程的直接费用,而且还将间接费用如管理费、利润和不可预见费等也摊入到这些单价中;但后者坚持价格内容应该按B.Q.单中对单项工程的技术性描述从字面上解释,只是涉及到文字描述中明示的具体工作内容。当发生争端时，FIDIC 合同沿用了英国 ICE 合同的处理方式，在考虑处理出现的问题时，以“价格包含原则”作为优先制约的判断标准。

B.Q.单的利弊

人们主张使用 B. Q. 单，主要基于两个论点：第一，它极大地减少了业主和承包商投标时的费用；第二，它为比较标价、验工付款和评估工程变更提供了一个较为详细和准确的基础。

第一个论点从理论上看似乎没有什么问题，但实际上却很有学问，相当值得研究和推敲。在土木工程合同领域中，几乎所有富于经验的承包商都有一批训练有素的测量师（Quantity Surveyor），他们通常是一方面先计算出整个项目的实际成本（Prime Cost），另一方面再据此与 B. Q. 单进行比较和分析，有目的地填报 B. Q. 单，一来可以审核所算实际成本是否正确，二来可以找出 B. Q. 单中工程数量可能存在着的缺陷甚至错误，或者辨认相对可能发生的实质性工程变更项目或是否存在与最终工程数量有差异。如果能够找到这种项目，承包商就可在报价时进行适当技术处理，对于工程数量比实际发生有所夸大的项目报出较低单价，而对工程数量比实际发生的有所低估的报出较高单价，这样投标的总报价就会相当具有吸引力，可以战胜竞争对手，确保得标，而在实际的履约过程中、通过计量，使得合同实际收入有实质性上浮并增加承包商的利润。

第二个论点中，B. Q. 单在比较标价方面的功能是无懈可击的，这种方法确实可以对投标各承包商的单价做出精确比较，而且如果业主在签约前要求承包商呈交其全部报价的详细单价计算和分析，就会更加有效，甚至可以据此分析出承包商的利润情况。但是，承包商通常相当强烈地反对业主的这种苛刻额外要求，因为这等于向业主交了自己的底，将使得自己在履约时的索赔地位受到严重影响。

从另一方面讲，当分析单价和验工付款时，由于在参照时间函数对区分初期费用与其他费用方面缺乏明确的准则，受承包商投标技巧各异的影响，主要是难以掌握加大初期金额比重的"头重脚轻"(Front Loading)报价方法具体分摊策略和比例，因此很难放在同一基础上做出客观的分析比较，使得实际应用时并非十分有效，有时甚至可能出现误导。因为承包商从资金的角度考虑，一定会在报价时尽量加大初期金额的比重，以利自己资金周转，另外还可以在项目实施的过程中，更加自由地引用第 20.4 款(业主的风险)、第 40.3 款(暂时停工持续 84 天以上)、第 65.2 款(特殊风险)、第 66 款(解除履约)和第 69 款(业主违约)，寻找机会与业主中途终止合同，将永远处于相当有利的地位。因为采用"头重脚轻"的不平衡报价后，承包商的大部分资金永远处于超前收回的状态，所做投入已经收回，而后面业主尚未验工付款的单价甚至可能在投标时就是技巧性亏损的。

如果发生旷日持久的索赔争端时，这时承包商还可以随时寻找各种理由，创造机会终止合同，通过这种方式向业主施加压力，或者逃避继续履约，包括促成合同第 40.3 款(暂时停工持续 84 天以上)的合同删除或业主放弃合同，从而不再施工后续的单价偏低的单项工程，这时承包商对于业主总是保持占上风的地位，并能掌握主动权。

关于评估工程变更的作用，可以说几乎没有什么意义，部分原因是由于在发生工程变更时，承包商完全可以根据合同第 52.1 款(变更的估价)的规定，毫不费力地逃避合同 B. Q. 单中的即有价格。由于时间、工作性质和范围相对签约时都发生了变化，就不能按照正常的在报价时 B. Q. 单的基础来进行工程变更的评估。

验工计价与Q.S.

FIDIC合同里;对验工计价也叫做中期付款,合约里英文有三种表述方法:Interim Statement, Interim Certificate 和 Interim Payment,其中Statement是指承包商对咨询工程师的申报行为,Certificate是指咨询工程师给业主的批核行为,Payment是指业主向承包商的拨款行为,三种表述中的行为主体是有绝对区别的,这应该引起特别注意。

验工计价是通过Q.S.进行的。Q.S.是英文Quantity Surveying的简称,从事这方面业务的人被称为Quantity Surveyor,通常译作"工料测量师"(也有叫"验工计价师"),有些类似于国内的"造价工程师",主要是做工程款的申请、发放分包款、工料测量、成本控制、工程变更后的报价及索赔举证资料的提供等工作。

一、工程款的申请及发放分包款

1．工程款的申请

工程款的申请是承包商根据 FIDIC 合同第 60 款的规定，在履约过程中定期报送验工计价的行为。合同第 60 款的特殊条款通常是整个合同里最长的一个条款，其中列出 20 到 30 个子项并不算多，会写明项目资金来源、预付款金额、外汇百分比、业主的付款时限、拖延付款惩罚，等等，对此条款必须十分重视。承包商要想知道项目的付款条件，在拿到标书后首先就是去看第 60 款的内容。

承包商工程款的申请文件包括：申请首封函、验工申报单和作实补充材料。

（1）申报首封函（Application Covering Letter）：简明扼要地说明承包商申请付款的合约依据、金额和日期、外汇百分比分劈等。该函必须由项目经理签字，但加盖公章与否并不重要。

（2）验工申报单（Interim Statement）：按照咨询工程师指定的格式，清楚列明承包商所完成的工程项目，这也是承包商验工计价的核心部分。具体内容包括：

（*a*）B.Q.单中已完工程分项的工料费；

（*b*）已运抵施工现场而未完成的永久工程之材料（Materials on Site），这些材料一般为投标书中标明的基本材料，如水泥、钢筋、沥青等。但由于工程实施过程中客观存在损耗，所以对这些材料的支付会给出一个合理的百分比（百分比大小取决于该材料的损耗率，例如水泥为 5%）。值得注意的是，这部分款项应计入当期调价公式中的有效值内；

（*c*）已运抵施工现场但尚未安装到永久工程里的设备（Plant/Equipment on Site，which will form part of the Permanent Works）。同样，这部分款项也应该计入当期调价公式中的有效值内；

（*d*）工程调价款（Price Fluctuation），这涉及 FIDIC 合同第 70

款的调价公式。价格调整款的计算公式为：

调价款 = 当期有效值(Effective Value) × 价格浮动系数(Price Fluctuation Factor)。

其中：

当期有效值(EV) = 完成的工程总额(包括指定分包商的工程额) − 未受浮动影响的工程额(对不用 B.Q. 单中单价作参考之 V.O.,由咨询工程师决定) − 讫上期验工计价止有效值的总和。

价格浮动系数(PFF) = $\sum_{i=1}^{n} A_i \times \frac{(C_i - B_i)}{B_i}$(式中 A_i 为人工、基本材料的比例系数,一般来说,$\sum_{i=1}^{n} A_i = 85\%$,即有 15% 是不参加调价的;$C_i$ 为当月官方公布的材料物价指数;B_i 为投标截止日前 28 天项目所在地官方公布的材料物价指数)。具体实例可参阅附表 1 和附表 2(括号内数据为承包商所填)。

调价系数是否合理,直接影响到工程的创收,因此承包商在投标报价的过程中,对人工、基本材料等比例系数一定要仔细研究,具体实例可参阅附表 3 和附表 4(括号内数据为承包商所填)。非常明显,人工及每一种基本材料的比例系数都有一个变化范围,通常最大值与最小值由业主设定,承包商必须在此范围内选定一个理想的比例系数,但限制条件是各比例系数之和应为 100。如果这些比例系数考虑全面并选择合理,同时还能掌握相当技巧,那么价格浮动系数就能得到最大值,从而使得调价款有最佳结果。投标报价时这些系数选择得优劣,最后会使项目的实际调价收入变化很大。通过比较附表 1、2、3、4 里列出的最优与最劣两种情况,可见仅此一次验工计价,差额就已相当可观。

承包商利用调价公式进行价格调整是一种潜在的、比较容易创收的方法,但值得一提的是调价公式只适用于工期较长的项目,通常 FIDIC 合同规定签约一年后才进行调价,因而对于工期在一年以内的项目,承包商报价时就要把物价上涨因素事先打入到标价中。当然这里还应明确指出,不可错误地认为调价一定会给工程带来收入，因为调价系数也有出现负数的危险，例如市场出现通缩的情形，附表 1 和附表 2 中被划线删除的 DEDUCTIBLE 和 decreased 字样，就是预备适用于此种个案。因此，工料测量师在平时的工作中，应该不断收集本地劳动市场信息，掌握世界上各种材料需求的变化趋势；

（*e*）工程变更后的报价收款；

（*f*）根据合约有关条款，承包商认为有权拿回的其他应得款项；

（*g*）工程索赔。

(3) 作实补充材料（Substantiation）：是用来证明所完成工程内容的支持性资料，准备得是否充分有力，直接影响到承包商验工计价的收取，有时会因为一张发票的含糊不清、一份计算书的加减失误或内容欠妥，而导致承包商收款的延迟，甚至遇到业主拒绝发放工程款。作实补充材料没有固定格式，一般来讲都是按照业主的要求，尽量做到认真详实，原则是争取把报价时所做“早收钱、多收钱”的安排落在实处，以确保拿回付款。

无论对中期验工计价申请，还是对最终决算款的申请，在申请文件递交后，都并不意味着承包商申请行为的结束。工料测量师仍需主动向咨询工程师或业主查询有无不妥之处，并对可能提出的疑问作进一步解释，及时补充相关资料，争取不留疑难问题，达至当期的问题当期解决。在与业主交涉的时候，一定要做到有根有据，以理服人，一切从合约出发，尽量引述条款和事实依据。当然，也必须注意与业主及咨询工程师保持一个良好的合作关系，以利沟通和交流。

2. 发放分包款

由于考虑到项目的复杂性及经济效益，有时承包商不可能将整个工程独家包揽，特别是涉及一些复杂的和专业化较强的个别施工，每个工种都可能是一门特殊学问并形成了专业分工，经常出现的就是进行分包。承包商对任何分包商的疏忽和违约等麻烦，必须承担全部责任。当然，业主不会允许全部分包，并且通常对分包比例做出限制。FIDIC合同第4款和第59款对分包有明确规定。

工料测量师直接负责分包商工程款的发放，这时，总承包商的工料测量师对于分包商来说，所充当的角色又类似于业主。分包商工程款的发放，分为对其工程款的发放、材料款的支付、其他费用的支付。一般来讲，分包商工程款的发放是由工料测量师直接做单支付的；材料款是由采购部门根据材料到施工现场后的验货清单支付；其他费用如税费、保险费、现场水电费等是由相应的部门根据工地负责人签字后的单据支付。但无论哪一种费用的支付，都必须抄送工料测量师，以便更好地了解工程整体发生的费用情况。

对分包商的验工计价必须认真把关，也就是要根据分包合约以及完成的工作量，合理评估分包商的每一期验工计价申报单，开出付款凭证。在这个过程中，工料测量师应该着重研究分包合约及B.Q.单，对合约规定的工作内容要有清楚了解，例如搞清到底是单纯包工，还是连工带料。如因分包商本身过失导致承包商的整个工程受阻，承包商有权向其索赔有关损失。

在实际评判过程中，工料测量师需要特别留意的是：

(1) 分包商的点工单(Daywork Sheet)。点工单是由分包商填写，承包商现场管工签名，证明分包商用于额外工程的人工、机械的单据，几乎在所有分包商的验工计价单中都会碰到。这里强调是用于额外工程，即分包合约以外的临时性工作，或不能量数的工作及合同B.Q.单里无从参考的微小工作。工料测量师在处理这些单据的时候，首先应该确认是否真正为额外工程，因为现场管工的签名只是起到一种证明的作用，至于该项工程的责任，他并不清楚，这就必须由工料测量师根据合约，确定该项“额外工程”的责任归属，做到该付的钱才付，不该付的钱一分也不付。否则，如果控制不严，就会形成“细水长流”，令承包商本来就不高的利润变得所剩无几。

(2) 分包合约中的工程变更。在履约过程中，往往根据施工要求,需要对分包合约中的一些内容进行变更。对于新增加的工程内容,一般在B.Q.单里应有价可循或能依比例(Pro-rata)得出合理价格,这时就可按合约中的价格或采用类推方法计价,不用再重新报价。但对无价可依者,工料测量师一定要与现场工程师配合,做好项目经济分析,挑选价格合理、信誉良好的分包商。要坚决避免在施工过程中先指定分包商,干完活后再报价付款的情况,这样做只会使总承包商处于被动局面。当然,在非常紧急的情况下,可以让过往享有信誉并具实力的分包商先施工,避免工程遭受大的损失,但同时就要抓紧平行报价,并尽快获双方书面签认。

工料测量师在处理其他费用支付时,同样都需要仔细认真,如填报税单时,一定要按照业主出具的付款证明中的数据填写;处理材料单据时,一定要核实材料是否已经验货(质量、数量和规格都要符合要求),而且要确认单据必须为原始单据,以防重复付款,等等。总之,工料测量师在处理每一份单据时,都要在核证属实、确认无误的情况下,方可签字。

二、工料测量

工料测量就是对工、料的数量进行量数计算,FIDIC合同第55款、第56款和第57款对此有明确描述。工,就是泛指人工和机械工时,一切要以现场记录(Site Record)为准。这里顺便指出,现场记录是一个非常重要的资料,它记录每天工地上人工、机械和材料的数量,工作的主要内容和时间,是以后V.O.报价、索赔等的重要资料来源,必须争取咨询工程师或业主的签名。料,就是指材料。工料测量一般是对所有工程之工程量而言,包括了人工、机械、材料等基本因素,对工程量的量数是根据图纸或实物按既定的标准量度法计算或读出,这就是习惯所说的"读数"。

读数的方法通常是根据英国土木工程师协会所编《土木工程标准量数法》或英国国家建筑业主联合会和皇家注册工料测量师学会共同出版的《标准量数方法》的规定,读数结果必须由咨询工程师和承包商双方的代表签字确认。读数是一项非常简单又基本的工作，但也十分重要。在投标阶段，标准决策离不开准确的读数；在施工阶段，材料的订购、验工计价单的支付也都需要准确的数据。

根据 FIDIC 合同一般条款第 60 款，咨询工程师在收到承包商的验工申报单(Interim Statement)后 28 天内必须批出付款凭证(Interim Certificate)给业主并抄送承包商，业主在收到咨询工程师批核的付款凭证(Interim Certificate)后 30 天内(特殊条款第 60 款里会对此做出修订补充说明)就要向承包商拨付工程款(Interim Payment)。

三、工程变更令(V.O.)的报价

FIDIC 合同的最大特点是单价合同，即在投标时要把 B.Q.单里每个单项工程的单价定死，而验工计价是按承包商的完工情况据实量数，工程数量是个变数。B.Q.单所提供的工程数量和工作内容随着咨询工程师的设计和测算深度而精粗有异，与施工实际肯定存在差距，因此对于一个项目而言，在其实施的过程中，第 52 款的工程变更令(Variation Order，简称 V.O.)总是会发生的。一般来讲，土木工程中的 V.O.数量要比房屋建筑来得多些。由于 V.O.是在工程实施过程中出现的，所以其报价没有在多家投标时那么大的竞争压力，只要合情合理，业主和咨询工程师就会接受并且付款。因此，用好 V.O.是承包商工程创收的一个重要途径。

发生 V.O.后报价的最基本原则，就是参考 B.Q.单中原有分项单价进行相应的报价，如果 B.Q.单中没有类似分项，价格则是在工程的直接费用基础上再加一个合理利润。由此可以看出，承包商在投标报价时，对于 V.O.中经常会使用或可能依循到的单价，一定不能填报得过低，否则，在以后的施工 V.O.报价中，就会处于被动。

V.O.的决定权在咨询工程师，它是咨询工程师根据现场需要而作的变更，这可以是业主或咨询工程师主动提出的，也可以是承包商提出的施工优化办法或比选方案（Alternative Proposal）（但必须经咨询工程师确认）。咨询工程师对此一般按V.O.进行处理，并会要求业主付款。因此，V.O.也就给承包商提供了一个创收的机会，从而可以根据自身需要，按施工的角度，对B.Q.单中价格较低的工程内容，多提一些切实可行的变更建议。

另外，承包商还可以从合约文件中去发掘因合同缺陷而必须执行的V.O.，其中最常见的一个方法就是找漏项（Missing Item），海外也常叫做走"合同罅"（Contract Gap）。比如，在图纸中有的工程内容，在B.Q.单里却遗漏了，这就构成了一个V.O.，虽然业主很不愿意，但仍得向承包商付钱。

漏项可分两种：一种是明显的，所谓明显，就是遗漏的部分是一个整体，显而易见，它的发现比较容易；另外一种是隐形的，所谓隐形，就是遗漏的是一个整体中的一部分，这种遗漏是根据标准量数法中的规定来确定的，也就是说，标准量数法中规定的一个分项的工作内容以外的部分必须在B.Q.单中单独列出，否则就是V.O.。隐形V.O.的发现，往往是一个意外的收获，如能抓住机遇并善加利用，就可以钻合约的空子。一个有经验的工料测量师会经常在工程中寻找并发现这类漏项。

当然，工料测量师还有一些其他的工作，比如，通过现金流量分析，协助决策项目所需资金；再如，以控制成本为目的，与其他人员进行积极协调，等等。应该说，工料测量师是工程造价管理的主要力量，是业主、咨询工程师与承包商联系的纽带，在工程管理中发挥着重要的作用。

四、索赔的举证资料累积

承包商单方提出的索赔意向并不能作为拿回索赔的依据，业主和咨询工程师在决定是否向承包商支付FIDIC合同第53款的索赔时，相当注重举证（Verification）是否有充足的说服力，并经常要求出示当初的原始凭证资料，这也是工料测量师在日常工作中的基础性工作之一。有些承包商滥用索赔，多估冒算，甚至漫天要价，然而到动真格时，所呈交的相关举证又经不起仔细推敲和检查，这样非但达不到盈利目的，反而影响自己的商业信誉，另外在仲裁时也会给仲裁员造成先入为主的不良印象，最终会形成被动局面。

附表 1

STATEMENT OF CONTRACT PRICE FLUCTUATION

SUBMITTED

For period ending: 17th December of 1998 Certificate No. : 24

Contract Number and Title: DC /95 /14 Regulation of ×××××× River, Stage Ⅱ, Phase Ⅰ Works

1. STATEMENT OF EFFECTIVE VALUE(EV)

Estimated value of work completed to end of period (As on Engineer's Certificate No. 24 dated 1-2-99)	$ 97261808.29
DEDUCT value of work based on actual cost /current prices	$ 656552.00
EV of work completed to this Certificate	$ 96605256.29
DEDUCT EV of work completed to last Certificate	$ 93980399.60
EV of work included in this Certificate	$ 2624856.69

2. CALCULATION OF PRICE FLUCTUATION FACTOR(PFF)

Base Index for month of July, 1996	Indices		(3) Proportional Change	(4)	(5)
Current index for month of November, 1998	(1) Base	(2) Current	$\frac{(2)-(1)}{(1)}$	Index Proportion	FACTOR (3)×(4)

续表

Comp. Lab. For C. E. Contracts	109.4	141.2	0.29068	(0.527)	(0.15319)
Aggregates	105.7	93.2	−0.11826	(0.068)	(−0.00804)
Bitumen	100.0	97.3	−0.02700	(0.017)	(−0.00046)
Bricks(Red)	96.2	90.7	−0.05717	(0)	(0)
Diesel fuel	110.3	102.3	−0.07253	(0.0425)	(−0.00308)
Steel Reinforcement	97.9	78.7	−0.19612	(0.0425)	(−0.00834)
Light Structural Steelwork	96.9	83.1	−0.14241	(0)	(0)
Portland Cement (Ordinary)	111.2	108.7	−0.02248	(0.1105)	(−0.00248)
Timber Formwork	112.4	93.0	−0.17260	(0.0425)	(−0.00734)
PRICE FLUCTUATION FACTOR (PFF)					(0.12345)

3. AMOUNT PAYABLE /DEDUCTIBLE* FOR PRICE FLUCTUATION

I certify that the amount payable pursuant to Clause 60 of the GCC in respect of the Engineer's Certificate No. 22 shall be increased /decreased* on account of changes in the Index Numbers for the Costs of Labour and Materials used in Public Sector Construction Proiects purstuant to Clause 70 of the GCC and Clause 70 of the SCC by the amount of:-

$ 324038.56 ** (Dollars Three Handred Twenty Four Thousand Thirty Eight And Cents Fifty Six Only)

Signature: (____________)

Engineer's Representative

* Delete as applicable

** (EV)×(PFF)

STATEMENT OF CONTRACT PRICE FLUCTUATION

DRAFTED

For period ending: 17th December of 1998　　Certificate No. : 24

Contract Number and Title: DC /95 /14 Regulation of ×××××× River, Stage Ⅱ, Phase Ⅰ Works

1. STATEMENT OF EFFECTIVE VALUE(EV)

Estimated value of work completed to end of period (As on Engineer's Certificate No. 24dated 1-2-99)	$ 97,261,808.29
DEDUCT value of work based on actual cost /current prices	$ 656,552.00
EV of work completed to this Certificate	$ 96,605,256.29
DEDUCT EV of work completed to last Certificate	$ 93,980,399.60
EV of work included in this Certificate	$ 2,624,865.69

2. CALCULATION OF PRICE FLUCTUATION FACTOR(PFF)

Base Index for month of July, 1996	Indices		(3) Proportional Change	(4)	(5)
Current index for month of November, 1998	(1) Base	(2) Current	$\frac{(2)-(1)}{(1)}$	Index Proportion	FACTOR (3)×(4)
Comp. Lab. For C. E. Contracts	109.4	141.2	0.29068	(0.306)	(0.08895)
Aggregates	105.7	93.2	−0.11826	(0.1445)	(−0.01709)
Bitumen	100.0	97.3	−0.02700	(0)	(0)
Bricks(Red)	96.2	90.7	−0.05717	(0.0085)	(−0.00048)

续表

Diesel fuel	110.3	102.3	−0.07253	(0.1275)	(−0.00925)
Steel Reinfor - cement	97.9	78.7	−0.19612	(0.102)	(−0.02)
Light Structural Steelwork	96.9	83.1	−0.14241	(0.017)	(−0.00242)
Portland Cement (Ordinary)	111.2	108.7	−0.02248	(0.051)	(−0.00115)
Timber Formwork	112.4	93.0	−0.17260	(0.0935)	(−0.01614)
PRICE FLUCTUATION FACTOR (PFF)					(0.02242)

3. AMOUNT PAYABLE /DEDUCTIBLE* FOR PRICE FLUCTUATION

I certify that the amount payable pursuant to Clause 60 of the GCC in respect of the Engineer's Certificate No. 22 shall be increased /decreased* on account of changes in the Index Numbers for the Costs of Labour and Materials used in Public Sector Construction Proiects purstuant to Clause 70 of the GCC and Clause 70 of the SCC by the amount of:-

$ 58,849.29 ** (Dollars Fifty Eight Thousand Eight Hundred Forty Nine And Cents Twenty Nine Only)

Signature: (____________)

Engineer's Representative

* Delete as applicable

** (EV)×(PFF)

附表 3

SCHEDULE OF PROPORTIONS

SUBMITTED

GOVERNMENT OF ××××××

DRAINAGE SERVICES DEPARTMENT

CONTRACT NO. DC/95/14

REGULATION OF ×××××× RIVER, STAGE Ⅱ, PHASE Ⅰ WORKS

Schedule of Proportions to be used in

Calculating the Price Fluctuation Factor (PFF)

This Schedule must be completed in accordance with the Notes and submitted with the Tender.

Index	Percentage of Contract Value			Calculated Proportions
	LIMITS		TENDER (whole number) (*)	Index Proportion(**) (0.0085×(3))
	Max.	Min.		
(Column no.)	(1)	(2)	(3)	(4)
Composite labour for civil engineering contracts	62	36	(62)	(0.5270)
Aggregates	17	8	(8)	(0.0680)
Bitumen	5	0	(2)	(0.0170)
Bricks(Red)	2	0	(0)	(0.0000)
Diesel Fuel	15	5	(5)	(0.0425)
Steel Reinforcement	12	5	(5)	(0.0425)
Light structural steelwork	2	0	(0)	(0.0000)
Portland cement(ordinary)	13	6	(13)	(0.1105)
Timber formwork	11	5	(5)	(0.0425)
All other costs not subject to adjustment	—	—	—	0.1500
TOTAL	—	—	100	1.0000

Signature…………… Company…………………

Name………………… Date……………………

Notes:-

(*): Column(3) to be filled in by the tenderer within the limits set in columns (1) and (2).

(* *):Column(4): to be completed by the Engineer Designate after receipt of tender.

附表 4

SCHEDULE OF PROPORTIONS

DRAFTED

GOVERNMENT OF ×××××××××

DRAINAGE SERVICES DEPARTMENT

CONTRACT NO. DC /95 /14

REGULATION OF XXXXXX RIVER, STAGE Ⅱ, PHASE Ⅰ WORKS

Schedule of Proportions to be used in

Calculating the Price Fluctuation Factor (PFF)

This Schedule must be completed in accordance with the Notes and submitted with the Tender.

Index	Percentage of Contract Value			Calculated Proportions
	LIMITS		TENDER (whole number) (*)	Index Proportion(* *) (0.0085×(3))
	Max.	Min.		
(Column no.)	(1)	(2)	(3)	(4)
Composite labour for civil engineering contracts	62	36	(36)	(0.3060)
Aggregates	17	8	(17)	(0.1445)
Bitumen	5	0	(0)	(0.0000)
Bricks(Red)	2	0	(1)	(0.0085)
Diesel Fuel	15	5	(15)	(0.1275)
Steel Reinforcement	12	5	(12)	(0.1020)
Light structural steelwork	2	0	(2)	(0.0170)
Portland cement(ordinary)	13	6	(6)	(0.0510)
Timber formwork	11	5	(11)	(0.0935)

续表

All other costs not subject to adjustment	—	—	—	0.1500
TOTAL	—	—	100	1.0000

Signature·············· Company·····················

Name···················· Date························

Notes:-

(*):Column(3) to be filled in by the tenderer within the limits set in columns (1) and (2).

(* *):Column(4) to be completed by the Engineet Designate after receipt of tender.

不健康标价竞标

竞争是市场经济的主旋律，而且也是一种相当有效的成本管理和控制手段。在国际工程承包市场上，通过竞标的方式降低项目标价是许多国家建筑行业的客观现实和规范作法。

因此，我们首先要面对并肯定“价低者得”的市场原则，海外也常听到“The lowest bid gets the contract(最低标者得合约)”这种说法。在投标竞争中，价格上的优势是获胜的主要因素之一。只要投标者资质合格并确有实力，又能提供履约保函等令业主满意的各类经济担保，业主为什么不把项目给予最低标呢?

实际上，很难简单地去界定什么是不合理的“低价竞标”，因为这个问题相当复杂，需要具体情况具体分析。投标过程中必须考虑的投标技巧、项目管理、商业决策、供求现状等都非常重要，而且对标价的高低均会造成影响。如果某个承包商在项目所在地有人、又有设备(算标时在设备的残值上可做许多文章)，并且十分了解当地的实际情况,或者有多个项目可供统一调配、穿插使用通用设备,那么投标时他在表现形式上的低价也可能是合理的。

我感觉在讨论恶性竞争这类问题时,采用"低价竞标"的说法不一定太科学,因为如前所述,国际市场上授标的原则普遍是"价低者得",标价高了肯定中标无望,这是客观现实。是否可以这样理解,"低价竞标"应该是指以低于成本价的标价去夺标。如果一味地靠压低标价去参与竞争,并报出亏本的价格,那么承包商从第一天起就承受着巨大风险。国外对这类现象有一种叫法是 unsound pricing 或 unsound bid,可否拿来借用一下,暂且称为"不健康标价竞标"?

有的公司在海外投标时寄希望于"低报价拿标,高索赔赚钱",我认为这种做法并不可取。本人多年在海外项目管理中亲身的体会是:索赔,谈何容易!因为不是承包商想索赔就能真正拿到索赔的,可能出现事与愿违的情形,甚至会伴随有负面影响。业主对于承包商的索赔,反应一定相当激烈,也要展开反索赔。其实这并不奇怪,因为毕竟是在要他额外出钱,力图做出自我保护是很正常的。这种潜意识的抗拒心理一定会影响到业主对索赔的态度。另外,大量地提交索赔文件,要求经济补偿或延长工期,将使得承包商进入业主的黑名单,业主会在其内部指引中把这些承包商列为"好搞索赔"(Claim-conscious)的一类,或做出不利的报告(Adverse Report)。结果还远不止于此,其他业主也会多加防范,使得日后丧失许多机会。这就存在一个权衡利弊的问题。

如果承包商把投标报价建立在没有把握的索赔期望上,早晚是要吃亏的,日后履约中会掉进自己挖掘的陷阱。索赔成功的机会实在难以预测,结果不得而知,等待拿到索赔款的时间又相当长,如果金额达不到一定规模时,也难下决心提交仲裁,往往会出现得不偿失的情况,很难相信使用这种投标手法从事经营的承包商能维持多久,因为优胜劣汰是市场竞争的必然,而且业主和咨询工程师也会随时采取措施进行反索赔,并防止这类承包商今后再中标。

是否可以这样说:低报价容易做到,但索赔可索而常遇不赔,承包商要想真正拿到索赔的有效助力手段,必须最终付诸仲裁,而实际上又不能无论金额大小都去提交国际仲裁。另外,索赔问题的关键是要看承包商是否有这方面的人才,举证是否有力,并且标书是否真有漏洞可钻,有时还取决于能否及时抓住擦身而过的机遇。

项目涉及的大额索赔通常都要经过仲裁。即使提交国际仲裁进行裁决,也不是很容易赢;有时就算赢了,还会出现赢仲裁的同时就输索赔的被动结局,因为即便仲裁获胜后,如果项目所在国不是联合国《1958 年纽约公约》的缔约国,也很难得以强制执行及兑现索赔,承包商反倒更麻烦。有关详情可查阅网站 www.un.or.at/uncitral。

这里特别说明一下,以上所讲绝不是要否认索赔在工程实施中的重要性,反倒是意在使大家注重更好地学会采取较策略和更实用的办法进行投标,同时加强项目管理,最终达到增收创利。国内目前谈论工程索赔的书籍很多,可以查阅,在此不想重复多谈。

国际工程承包涉及工期、成本、质量和安全四大因素。海外有一种说法“If you can't measure it you can't manage it(不知深浅,无法驾驭)”,包括项目实施中可能遇到的问题,许多都是未知因素,例如所谓绝对“独立公正的咨询工程师”根本就不存在,因为他是由业主支付工资的,而且当真正出现了设计图纸的问题后,我从没见过咨询工程师会承认是其失误,而自然是把矛盾和风险推向承包商。

有经验的承包商都善于面对复杂多变的竞争环境,进行超前分析,然后制定对策,例如判断主要竞争对手及接续项目的可能性。我同意利用“潜赢”的投标办法,通过采用较好的报价技巧和技术处理,能够潜赢并在项目完成后拿回利润,就说明中标者比他人技高一筹,既能在“价低者得”的市场原则下合理低价中标,又能最终获得经济利益,这才真正显出承包商的水平。

尽管业主授标的一般原则为“价低者得”,但同时几乎在所有的招标文件中又都有“业主有权不接受最低标并无需就此做出任何解释”之类的表述。因此,中标者有时未必是标价最低的,标价太低反倒可能引发一些节外生枝的问题,例如业主会据此认为承包商缺乏经验和实力,也许在中标后要采取偷工减料的办法,或者钻空子纠缠于索赔事件上,难以专心把项目干好,最终反倒会使业主处于被动。

企业的最终目的是赚取利润,但应坚持按经济规律办事,海外也叫 Let market forces operate(让市场的力量发挥调节作用)。那么,业主如何在“物有所值”的原则下,做到公平、公开、公正、透明,并尽量有所明示依据,评定或处理“不健康标价竞标”的问题呢?通常可能会有几种选择:

(1) 一种就是在投标后,考虑舍去最低标价(但在经专家详细评估后被一致认同属合理最低标的情况可除外),海外也有一种说法,叫做“The lowest price is never the cheapest(最低标价的从来都不是最便宜的)”,而只认为第二低标价是较合理的标价。但最终决定哪家竞标者中标,则可以再综合各种因素决定,选出最经济合算标(Most Economically Advantageous)。这样就能减少别的未知因素影响,形成一个有倾向性的意见。

当然,在具体谈论最低标价(lowest price)时,又会涉及到是最低投标价(lowest tendered price)还是最低评估标价(lowest evaluated price)这类概念性的问题。如果是最低评估标价(咨询工程师实际上就负责做这方面的工作),则应该认为是合理的并可考虑决定中标。

诺贝尔经济学奖得主 William Vickrey 在处理拍卖场上的物有所值问题时(拍卖与投标是一种反向的商业竞争形式),也采用了类似的理论和做法,即在公开竞价后,把拍卖物售给出价最高的买家,但只要求他们按第二高标价付款,从而达到能够吸引更多的商家参与到拍卖竞价中之目的。

(2) 另一种就是可以认定比投标者各家标价总和的算数平均值低10%的标价都是不合理标价,或是在去掉最高标和最低标后

(如果这两个标价都被公认为明显地不合理),低于算数平均值10%的标价是不合理的,可视开标的具体情况而定。

业主通常要求中标的承包商提供合约金额10%的履约保函,这个10%实际上是一个数理统计的结果。无数经验和过往事实普遍表明,如果中标的承包商项目实施欠佳,则业主在没收了其10%的履约保函后,应能弥补换掉前者而交给下家承包商施工的经济损失。这也反证了上面所说10%的幅度有一定的相对合理性。

(3) 再一种就是认为最接近所有投标者标价总和的算术平均值(也可说是中值)的标价就是最合理、最接近市场认可的(投标者越多,这个中值越准),但这样的评标办法又与公平竞争、价低者得的授标原则明显背道而驰。

作为业主,付钱太多不聪明,但付钱太少肯定会引来麻烦,甚至后患无穷。因为付钱多只会损失钱,但付钱太少时,就会买不到应买的东西,整个项目也可能会被毁掉。如果决定采用最低标,业主比较保险的作法是在预算中另加上一些备用的风险费用,这样就可确保达至物有所值。此外,物有所值还需要预案考虑过往业绩,监控管理和动态追踪。因此,业主也有看承包商履约纪录的做法,重视诚信守法,以求达到优质优价。例如香港特别行政区政府的Preferential Tender Award System(优先授标系统)就是根据承包商投标报价,以及在过往项目上的表现,按既定公式算出每家投标者在满足项目其他招标条件下(如财务状况良好、当前工程总额上限不超标等)的客观得分,获得最高分的承包商将中标。详细内容可参见笔者在《国际经济合作》杂志1999年第10期上发表的《香港实施优先授标系统和履约奖金制度》一文。

承包商应该学会怎样编标报价,坚持"市场为导向,效益为中心"的原则,因为标价具有竞争性毕竟是评标时的重要因素之一,市场又总是受到供需关系等因素的影响而变化无穷。善于掌握时机,抓准重点,积极开拓,稳妥进取,以确保在复杂激烈的商业竞争中能够最终取胜。要避免出现"情况不明决心大,心中无数点子多”，尤其要杜绝以自杀性标价竞争项目的现象。必须脚踏实地，绝不能存有任何侥幸心理。同时，更要注意总结经验，汲取教训，不断提高企业的整体素质。

利润与风险是并存的，而且互成反比关系。降低投标时的标价肯定有助于承包商中标，但随之也会增大项目风险，降低预期利润。由于受国际工程承包市场残酷竞争的影响，有的承包商恶性压价争标，不能很好地评估可能面对的潜在风险，甚至投标时考虑的问题严重脱离了技术上的可操作性，而有些更类似在进行一场赌博游戏，这是十分危险的事情。

个别承包商如果目前在手项目较多，境遇尚好，不十分急于求标，因此就会在投标时放入期望的合理利润。也有些承包商可能当地没有项目，或在手实施的项目已近尾声，急于得标，借以维持自己的生存，或遇业主把一个大项目拆成若干期(Phase)分阶段滚动式发标，就可能采取如延长设备折旧摊销的年限等技术性手法，从而增加自己标价的竞争性，做到既能中标，又能通过选用合理得当的机械设备折旧方法，保证项目最后获得较为理想的盈利。但这样做时必须慎重考虑拿到衔接工程的机会和把握等实际问题。当竞争白热化时，承包商为争取投标取胜，就会压低利润率，甚至不计利润投标。

在判断风险时，大家都期望情况尽可能明朗，不过事态的明朗与机会同样也成反比关系。但可以肯定地说，决策者的最大风险就是议而不决，因为这将永远丧失机会。因此，应在可接受的最小利润(或无利润算标)与可承受的最大风险之间平衡做出决策，即必须选定盈亏平衡点(Breakeven Point)，这也是承包商在计算标价时理论上的风险安全点。承包商不宜在盈亏平衡点以下报价，从而确保在激烈竞争中永远立于不败之地，否则一旦出点纰漏，就必亏无疑，甚至难以收场。

工程分包

国际承包项目在实施过程中,最复杂和棘手的问题之一就是工程分包,其中除了业主、咨询工程师、总承包商及分包商相互间的复杂关系外,还涉及有关各方在合同中的地位、责任和义务。尤其是当发生业主、总承包商和分包商中的任何一方无力偿付债务甚至破产时,受损方如何根据有关合同从尚有偿付能力的另一方那里得到合理补偿,在很大程度上就要取决于分包前相关工作的成功与否了。

总承包商与分包商的关系

工程分包的主要特点是:从市场的角度看,这时总承包商既是买方又是卖方,他既要对业主负全部法律和经济责任,又要根据分包合同对分包商进行管理并履行有关义务。

分包是相对于总承包而言的,分包的概念最初是为了总承包商的利益而提出的,原则是只能将一项或若干项具体的工程施工分包给其他人,但不可以将合同的责任和义务分包出去。总承包商不能期望通过分包,逃避自己在合同中的法律和经济责任,仍需对其分包商在设计、工程质量和进度等方面的工作负全面责任,而分包商在现场则要接受总承包商的统筹安排和调度,只是对总承包商承担分包合同内规定的责任并履行相关义务。

分包在法律上属于受托履约(Vicarious Performance),而业主在 FIDIC 合同第 3 款/第 4 款(转让与分包)中是绝对禁止对工程的全部受托履约,即不允许总承包商将其最基本的权力和对分包商的工地协调权全部转交给分包商,尽管分包商必须要对总承包商负责。第 3 款(合同转让)中所述"转让合同"(Assign the Contract)与第 4.1 款(分包)中的"分包整个工程"(Subcontract the whole of the Works)可以说是同一个意思,都是禁止总承包商将整个工程全部转包出去。如果承包商未获业主同意而擅自分包,则业主可以引用合同第 63.1 款(承包商违约)之(e)条对总承包商进行处罚。因此,在国际承包工程市场上,常见的是经过业主批准的部分受托履约,通常是在合同特殊条款中规定可分包的项目内容和一个百分比。总承包商要全方位地在各方面就其分包商的工作对业主负责,就如同自己工作一样。

总承包商在处理与分包商之间的关系时,除合同条款必须做出具体规定外,分包合同的责权利条款应尽量与总承包合同挂钩,尤应注意使用经济制约手段,并注意采用现代化手段加强管理。一般总承包商要求其分包商通过总承包商可以接受的银行,开出以总承包商为受益人的各类保函,从而避免可能发生的经济损失。

如果总承包商违反分包合同,则应该赔偿分包商的经济损失,而如果分包商违反分包合同并造成业主对总承包商的罚款或制裁,则分包商应该赔偿总承包商的损失。

因此,总承包商在决定对部分工程进行分包时,应该相当慎重。要特别注意选择有影响、有经济技术实力和资信可靠的分包商,并且应该在"共担风险"的原则下,强化经济制约手段。否则在工程分包的实际运作过程中，将会出现诸多问题。另外，不宜分包给在同一项目上没能通过资格预审的分包商，因为业主在资格预审时筛掉这类承包商的原因必定是其在经济、施工经验或管理等方面存在缺陷，资格预审的结果应该可资借鉴。

通常总承包商在投标时就应向业主说明其拟分包的项目和内容，如有可能，还要说明准备选择的分包商的名称及其资信情况。

业主与分包商的关系

由于分包合同只是总承包商与分包商之间的协议，从法律角度讲，业主与分包商之间没有契约关系，业主对于分包商可以说既无合同权利又无合同义务，双方互无合法权益而言，英文叫做 No-privity System。

也就是说，业主和分包商的关系与业主和总承包商的关系有着本质上的区别。除非合同中另有明确规定，分包商不能就付款、索赔和工期等问题直接与业主交涉，甚至无权就此状告业主，一切与业主的往来均须通过总承包商进行。业主只是负责按照总承包合同支付总承包商的验工计价款并赔偿其可能的经济损失，而分包商是从总承包商处再按分包合同索回其应得部分。如果总承包商无力偿还债务，则分包商同样将蒙受损失。因此，分包商的效益通常与总承包商的效益密切相关。

个别情况下，业主也可能根据合同第 59.5 款(对指定分包商的支付证书)向分包商直接付款，这使得分包商的收入有了保障。但是，如果合同中没有这种直接付款的条款，而业主又直接向分包商付款，则可能使得总承包商拒绝承担原总承包合同中的某些义务，并造成总承包商根据合同第 60 款(证书与支付)的规定，要求业主再次就分包商的工作直接向其付款，导致业主必须向总承包商和分包商进行双重付款的被动局面。因此，如果业主不能就此事先与总承包商达成协议，则咨询工程师通常建议业主在向分包商直接付款之前，必须首先获得分包商的赔偿保障，即当这种直接付款出现问题时，分包商应保证退回全部款项，通常是采用分包商自费向业主提供银行保函的形式。但是，对于业主使用合同第58款（暂定款项）这笔预列费用，并在其金额限制下而直接支付分包商的情形，总承包商是无权根据合同其他条款进行索赔或要求双重付款的。

例如，最典型的就是当总承包商接受业主强行指定的分包商时，往往其先决条件是如果分包商造成工期延误，总承包商有权就此获得相应的顺延工期。结果若发生这种工程延误，业主无权从总承包商那里索回延期罚款，而总承包商反倒可以得到合法延期。然而另一方面，尽管避免了罚款并获得了延期，总承包商对于延期造成的经济损失却只能自我消化，而不可通过对分包商的罚款得到补偿，因为业主没有对他实行罚款，他也失去了对分包商进行罚款的依据。业主又不能通过对分包商直接进行罚款而弥补其经济损失，因为他与分包商没有合同关系，因而分包商可以逃避来自业主和总承包商的惩罚，这样的结果很可能是形成一种恶性循环。

对于可能出现的总承包商与分包商间的责任不清问题，业主通常在审查分包合同时，要求其中写明有关分包工程的质量要求和履约义务等具体规定。

咨询工程师与分包商的关系

同总承包合同中的关系一样，咨询工程师在项目出现分包时与业主、总承包商和分包商也永远不会是签约方。

根据合同第59.2款（指定的分包商/对指定的反对），咨询工程师无权直接干涉分包合同的具体细节及总承包商与分包商之间的关系，但合同第3款（合同转让）和第4.1款（分包）又明确规定，在批准分包合同之前，咨询工程师有权要对分包商的施工能力、财务状况和实施类似工程的相关经验等感到满意，并确信分包的结果不会干扰整个合同的协调和正常执行。尤其是对于大型分包，必须获得咨询工程师的书面认可。咨询工程师在审核分包合同时,通常尽量使得指定的分包合同条款与总承包合同中的相关条款一致,并要保证能够通过总承包商行使其总承包合同中的管理功能。

当总承包商拒绝与指定的分包商签订分包合同时,一般情况下,咨询工程师不能无故强行干涉,但可适当采取一系列补救措施。例如,指定另外一个分包商,或者修改分包合同条款,或者安排总承包商进行合同第 51 款/第 52 款(变更、增添和省略)的工程变更,通过这种方式去完成原拟分包的那部分有关工作。

如果分包商拒绝执行咨询工程师的指示,在理论上讲,业主从法律角度只是有权对总承包商进行惩罚,因此实际结果倒霉的只能是总承包商,业主和分包商都会力图从总承包商身上挽回各自的经济损失。

例如,如果承包商将整个工程全部分包,则发生了从量的变化到质的变化,这时分包变成了转包,咨询工程师无权做出有关决定,而必须经过业主的批准而不仅只限于咨询工程师的同意了。若承包商无视总承包合同条款,硬性分包或转包,则业主可以根据合同第 63.1 款(承包商的违约)之(e)条采取制裁措施。

如果业主决定甩开总承包商,直接就某项工作或服务与分包商签订单独合同,则这时应由咨询工程师代表业主负责对分包商的管理和协调工作,他将就一些技术问题直接和分包商打交道,业主也应就此向咨询工程师额外支付服务费。

有时在征得总承包商的书面同意后,咨询工程师可能就一些技术问题直接与分包商进行交往,但咨询工程师应该将有关函件抄送总承包商,及时通报有关情况,尤其当涉及付款和进度计划时,以便总承包商在适当时候提出意见或采取相应的行动。

总承包商通常希望并同意分包商与咨询工程师直接就技术规范和施工设计的有关细节问题进行联系,并在分包合同中做出明确的责任划分,以缓解分包商可能声称无法就分包工程的设计与咨询工程师交换意见的矛盾。

对分包商的罚款和制裁

如果分包商未能履行其分包合同中规定的义务,不仅会给总承包商而且也会给业主带来严重的损失。分包商的违约可能影响到工程有关部分的衔接,导致整个工程进度拖延及其他分包商的索赔。总承包商在处理这些问题时,稍有不慎就会造成未曾预料的经济损失,没有管理和协调大型工程项目经验的承包商很难担任总承包商的角色,而且在海外项目中分包商的违约现象屡见不鲜。作为总承包商必须注意签订有效的分包合同,制定严密的经济制约措施。

例如,可以利用计算机的提醒程序(Reminder Program)管理分包商的各类保函,利用经济手段控制并防止分包商违约,应付由于分包商失误可能带来的风险,同时还应掌握一笔不可预见费和保留较高的管理费,作为确保防范分包商违约行为的保障。

分包商的延误通常会造成总承包商的工程延误,并致使总承包商在总承包合同条款制约下蒙受罚款。因此从理论上讲,不管分包合同中是否明确提及罚款事宜,只要总承包合同中列明有罚款条件,分包商就应该赔偿总承包商的等额经济损失。同时总承包商还有权要求分包商赔偿其相应的停工损失和延期费用等。总承包商通常在分包合同中写明:"总承包商拥有总承包合同中业主对待总承包商同样的权利对待分包商",以达到总承包合同制约关系的实际转移。

业主有时也接受总承包商采取向分包商只收固定比例的管理费或协调费的方式承接项目,而银行的各类保函等经济担保则由分包商向业主直接呈交。管理费或协调费通常为工程实际验工计价的5%～7%,其中包括了总承包商的利润。因为是一个百分比,所以收入可以根据实际完工的工作量做出相应的调整。这属于FIDIC合同第59.4款(对指定分包商的付款)之(c)条的情况。总承包商在这种方式下只是牵头现场的协调工作,负责分包合同的管理，因此利润相对微薄，但另一方面又比较有利，没有节外生枝的现象，总承包商可以转移保函等经济风险，在一定程度还能避免连带责任。

当地分包

工程分包的初衷应该是方便总承包商，基础是将工程包给合格的分包商，但总承包商仍对业主承担着合同义务，其法律责任并不能发生转移，这在合同第 4.1 款(分包)中已经写得相当明确。无论发生什么问题，业主只追究总承包商的责任，而不会直接追究其分包商。因此，总承包商必须加强对分包商的管理。

由于地区保护主义的日趋严重，加之市场缩小，竞争激烈，为了减少外汇支出，扶植本国承包商的发展，保护其人民就业，许多业主均不同程度地采取了限制外国公司的措施。有些项目所在国的政府采取地区保护主义政策，业主在合同中禁止外国总承包商独立承揽建筑合同，强制总承包商必须将一定比例的工程分包给当地的承包商，这实际上是一种贸易壁垒。

分包商是独立的一方，不可以简单地认为分包商就是总承包商花钱雇来的佣人。因此总承包商与分包商应有明确的协议关系，即签订分包合同，其中规定如何施工分包工程、呈交进度计划的程序和协调、各类银行保函尤其是保留金保函和质量监管等，否则总承包商与分包商之间的交往便没有法律依据。

总承包合同只能构成业主与总承包商之间的法律制约关系，分包商并不受总承包合同的制约，也没有履行总承包合同的义务，只是受与总承包商签订的分包合同的制约(除非分包合同中另有规定)。因此，总承包商应该将总合同中自己的义务在分包中尽量相同，在分包合同中写明分包商同意按照总承包合同的条款进行施工，从而减轻自身风险。

有些工程的分包可以通过咨询工程师按合同第 51.2 款(变更的指示)和第 52.4 款(点工)发出变更令，采用合同第 58 款(暂定金额)下的点工形式完成,最常见的就人工劳务分包,而合同第59.4款(对指定分包商的付款)可以理解为即便工程数量单中没有工费单价,也可以采用点工的方式进行分包施工。

在分包合同中,应该就项目具体情况对分包商作出相关的明确规定。例如,当分包商在总承包合同履约中途接手分包时,分包商的保留金只能从自其接手时开始,不可能是全额的。另外,分包商在按合同第67款(争端的解决)付诸仲裁(如果分包合同中有类似条款的话)时,也会给总承包商造成麻烦。

总承包商在制定分包合同的有关条款时,通常应该尽量参照总承包合同。FIDIC合同中涉及工程分包的主要有第3款/第4款(转让与分包)、第58款(暂定金额)和第59款(指定的分包商)等,还有许多标准的分包合同范本也可供项目分包时参考。例如,常见的有英国ICE合同的标准分包格式和FIDIC合同的标准分包格式。FIDIC合同条款总的说来是亲承包商的(Pro-Contractor),但ICE合同却是属于亲业主的(Pro-Employer)。对于分包时处于买方地位的承包商,在管理分包商的过程中,应该尽量使用对自己有利的ICE分包合同标准范本。

通过项目的分包,有时总承包商还可向分包商转移部分风险。如在分包合同中规定分包商接受总承包合同中的各项合同条件,要求提供各类银行保函并扣押保留金,进行相应的分包保险,等等。

实例一:

某公路项目,分包合同在工程施工的条款方面与总承包合同的条件相同,并在序言部分写明:"整个分包合同受总承包合同的制约,总承包合同中对总承包商的约束性条款,同样适用于分包商",但在付款方面又与总承包合同有些差异。

在项目实施过程中,分包商认为应按分包合同进行付款,总承包商则坚持应与总承包合同相同,双方形成争端,并且寻求咨询工程师的准仲裁。

咨询工程师认为分包商在签约时已经注意到了总承包合同的支付条件，并指出在双方的分包合同中又明确规定分包合同受总承包合同的制约，据此分包合同就变成总承包合同的子合同，分包商要求按与总承包合同不同的方式付款并无充分的合同条款作为支持。

实例二：

某房建项目，在业主同时在场的情况下，咨询工程师要求分包商就其分包部分的工程采用新的施工方法，这种施工方法比原总承包合同的规范费用昂贵，因而必将导致成本增加。咨询工程师告知分包商，业主将为此追加有关额外费用，同时对分包商发出该书面指示且抄送业主和总承包商。

这样，业主与分包商就在这个问题上形成了新的合同关系，据此分包商可以直接从业主处获得这笔额外费用的付款，而无须再经过总承包商转付。

实例三：

某桥梁项目，业主直接找到一家油漆制造厂商，询问其油漆是否适于水下使用并向其询价，油漆厂商就此函复业主，确认没有问题。基于这一答复，业主指定总承包商在桥梁施工中使用这种油漆。但是，总承包商对油漆的质量提出疑问，然而业主仍坚持己见。

但在工程保修期内油漆质量发生问题，业主扣下总承包商的保留金保函拒绝发放，承包商因此提出异议，并提交国际仲裁。

裁定是由于业主一再致函总承包商，要求使用这种油漆，可以认为业主与油漆厂商之间已经另有协议，并以双方相互询价和报价的信函作为佐证，而总承包商所签全部分包合同中都没有写明使用这种油漆。业主应该退发总承包商的保留金保函，并由油漆厂商承担责任，业主可根据过去与其信函及确认另行向其索取补偿。

实例四：

某港口项目，由于总承包商与分包商发生持续争执，双方互不相让，总承包商拒绝在问题解决之前支付分包商，导致施工进度有所放慢。

业主出于同情心，同时为了确保项目的顺利实施，在分包商的一再要求下，直接支付了分包商。总承包商这时提出根据合同第60款(证书与支付)，自己应该就分包工程得到业主的支付。业主认为已对此直接向分包商付款，如果再向总承包商付款，就形成了自己的双重付款。双方为此形成争端，寻求国际仲裁。

裁决是合同中并没赋予业主对分包商直接付款的权力，因此业主应该只向总承包商付款。至于由于总承包商拒绝对分包商付款而可能引发工程在实施中出现的问题，或拖延工期，业主则可以根据合同有关条款对总承包商进行制裁，包括使用罚款措施。

付款与工程变更令

国际承包工程活动需要大量的资金投入，属于资金密集型行业，在运作过程中经常汇集到付款这一集点上，因而验工计价时资金回收和周转的快慢对顺利实施整个项目有直接影响。FIDIC 合同在付款条件和通过工程变更令支付额外费用上对于承包商比较公正，其中涉及付款和变更令的条款主要有第 60 款、第 69 款、第 51 款和第 52 款等。

第 60 款　验工证书与支付

这一条款主要涉及验工计价的付款及最终财务结算。由于项目所在国的付款程序和条件各不相同，所以一般条款中只有通用原则，主要规定了咨询工程师和业主应该积极保证对承包商的各类付款，而所有关键性的限制则均在特殊条款中写明。特殊条款和一般条款两者合并在一起组成完整的支付条款。

承包商如能掌握和运用好该条款，可以避免业主无力付款的风险，防止咨询工程师和业主寻找各种借口拖延支付。例如，FIDIC合同第60.2款严格规定了咨询工程师批复验工证书的时间，即他在接到承包商验工计价单的28天内应批复有关付款金额。另外，第60.10款又规定了业主在收到经咨询工程师批复的验工证书后28天内必须给承包商付款，否则应向承包商支付全部未付款的利息。这两条都是FIDIC合同1988年第四版中对承包商的量化保护措施，十分值得注意。而过去在1977年第三版中对批复时间只做了定性规定，实际上是敞口的，经常出现咨询工程师的推诿现象。

原则上，承包商在投标编制付款安排时就应与施工组织统筹考虑，多摊入一些到早期的施工单价中，使前期工作收入合理地增大些。出发点是尽早收回资金，以减少贷款及利息支出，加快资金周转。

承包商必须注意在每次验工计价单中列入第53款的各类索赔详单，以便及时收回合理索赔。

在业主发放了最终证书后，第60.7款规定这时承包商根据合同进行索赔的权力也就随之终止，许多业主并要求承包商届时提交一份清算单。这时应注意承包商有两个保护措施：一是在最终证书没有获得支付前，二是在业主没有退还银行保函时，该清算单不能生效。

第60.8款涉及最终证书的发放，关键是咨询工程师与承包商应对最终报表达成一致意见。问题是如果双方不能就最终验工证书达成一致意见，怎么办？答案恐怕就只有付诸第67款的仲裁了。重要的是在仲裁的过程中，咨询工程师仍有义务对无争议的部分批复发放验工计价，使业主及时支付有关款项，借口仲裁正在进行而停止批复承包商的验工计价是毫无道理的。同样，第60.5款和第60.6款的程序也不能妨碍咨询工程师在保修期内随时批复发放承包商呈交的验工计价单。

如果咨询工程师不能按期批复验工证书或者业主没有及时付

款，承包商可根据第 60.10 款索赔拖期利息并同时享有第 59 款赋予的合法权利，即这时承包商可以暂停施工或进而终止合同。若承包商在综合考虑各种因素后不准备与业主终止合同，可以按第 60.10 款向业主索要拖期利息，这种拖期利息带有惩罚性质。中国土木工程公司在海外某项目的实施过程中，遇业主几次拖延付款，即按该款规定致函并出示证据，均获咨询工程师推荐，批准支付拖期利息。

FIDIC 合同一般对第 60 款在特殊条款中多加补充和修订，以适用于某一特定项目。因此，第 60 款的特殊条款通常比其他条款要长得多，并将有关要点在合同附录中明显列出。该款的特殊条款实际上为承包商考虑业主的财务支付提供了一个查询清单，承包商应该充分重视并认真研读这一条款的特殊条款部分。特殊条款中一般涉及：

外汇百分比及兑换率的确定 一般条款中主要对采用单一货币支付做了规定，即使用项目所在国的货币。因而，特殊条款应说明不同货币支付的比例及兑换率，兑换率一般采用开标日项目所在国中央银行颁布的官方卖价，整个合同期内恒定不变。承包商应充分注意有关的货币和汇率风险，尽量少要当地软货币。

预付款 支付预付款是国际承包工程的习惯做法，实际上属于业主对承包商的一种无息优惠贷款。预付款的变化范围很大，因合同而异，土木工程一般可达到 15%，当然也有再高一些的例子。预付款的比例在一般条款很难明确，只能从特殊条款中查找。第 60.1(c)款中又规定业主在永久工程使用的主要材料（如水泥、钢筋和沥青等大宗料）运抵工地后，可再另外支付给承包商部分材料预付款，通常为材料发票面额的 80%左右。

保留金 业主为确保承包商履行其保修期义务，习惯上从每次验工计价款中扣除保留金，作为一种持有保证，一般为合同额的 10%（对于大型复杂的项目，通常为 5%，这是比较合理的金额），并已成为当前的一种趋势。有些合同规定承包商可用银行出具的保留金保函换回在押现金，以利资金周转，也有在工程初验证书发放后退发给承包商一半保留金的情况。承包商应该充分考虑项目完工后的清关、清税等问题及相关风险,打足费用并列入成本。业主应在发放最终保修证书后即退还保留金。承包商在投标和签约时要特别注意避免在保修期内向业主同时提供履约保函与保留金的双重担保。

物价浮动的调整 在工期较长的项目实施后期,业主应该按第70款的价格浮动变更原则及调价公式,在付款时补偿承包商施工中受通货膨胀因素影响造成的工费和料费上涨、政府法令修改造成的费用变更等导致的损失,等等。

业主通常在特殊条款中取消对其付款的天数限制或将一般条款中标准的28天期限修改为60天或90天。对于前者,因属原则问题,承包商不应接受,否则就会对业主的付款失控。对于后者,应该注意天数不宜拖得过长,这将影响承包商的资金回收和周转,因此对付款期限要有限制。如果业主在合同规定的时间内不能按约付款,承包商可按下面讨论的第69款采取相应措施。

第69款 业主违约

国际承包工程合约的双方完全是通过验工与付款而维持彼此间的合同关系,一旦一方违约,合同在法律上随时可能破裂。承包商掌握好这一原则并且使用得法,就可以在经济风险与创收机遇并存的承包条件下,变风险为机遇,通过索赔获得较好的经济效益。

如果业主在规定的期限内不能付款,则属严重违约,因为签约后必须双方共同遵守履行,不能只是对承包商单方加以限制。承包商此时可以按第69.1(a)款规定终止合同,这也是承包商解决付款违约时可能采取的极端措施,承包商对此应该时刻把握主动权。终止合同是一个重要的法律问题,同时涉及面相当广,除了合同条件本身之外,还要仔细审查合同法并分析各种相关的因素,尤其是分析项目所在国的有关情况,权衡利弊,以确定终止合同对双方的影响。

终止原合同后，如果业主要求承包商继续履约，则属于合同翻新，双方仍可以自由协商有关承包商恢复工作、继续实施原合同的问题，但这时就要重新议标并协商价格，届时承包商将处于十分有力的地位。

另外，第69.4款和第69.5款对业主未能按第60.10款之规定及时向承包商付款提供了一个比较缓和的解决办法。如果承包商愿意，应能根据第69.1(a)款终止合同并同时索赔拖期利息，在这种情况下业主支付的拖期利息是作为一种特殊损失而赔偿的。

FIDIC合同通常采用单价合同，项目完工时的实际付款额从来没有与合同额相等过。其中原因很多，如B. Q.单中实际施工数量与设计数量的出入、物价浮动的调整和承包商的索赔成功等，但主要影响因素是下面将要讨论的第51款和第52款之工程变更令。某承包商在海外实施的某公路改建项目，仅对既有道路的维修以保证施工期内公路畅通一项工作，合同中原仅预列了23万美元道路维修金，实际上远远不够。在咨询工程师多次发出工程变更令后，实际发生70余万美元，额外增加工作量两倍多。

第51/52款　变更、增添和删除

充分利用工程变更令是有经验的承包商增收创利的良机，尤其是当其原报价比较低的时候。咨询工程师有权根据实际情况发出变更令，但不能附加额外条件，比如“承包商不得为此追索费用”。例如发生FIDIC合同第17款的工程放线问题时，若确实是由于咨询工程师提供的数据有误而导致修改，则咨询工程师应该为此发出变更令，更改作为签约基础的原合同图纸，以便业主赔偿承包商的有关经济损失。

咨询工程师可以按FIDIC合同第51.1款指示变更作业顺序、施工时间等，但原则上不能变更施工方法以导致承包商费用的意外增加。承包商有权维护合同中技术规范已经明确了的施工方法，如果咨询工程师强行指令改变施工方法，他应该承担全部责任。

工程变更令一般将影响项目费用，因此咨询工程师应把全部情况告知业主，在对承包商发出变更令之前要事先获取第 2.1 款中的业主批准，并据此行使其权利。咨询工程师发出的变更令应为书面的，理论上可视为主合同的副合同，具有法律效力。

承包商在没有获得咨询工程师的书面变更令时，不能进行任何工程变更，也毫无理由就此类变更要求业主的经济补偿。

FIDIC 合同 1977 年第三版中的第 51.2 款与第 1.2(3)款合用对于承包商的自我保护非常有用，因为第 1.2(3)款使得第 51.2 款的有效范围并非局限于变更令。若遇咨询工程师对事件不予书面确认，承包商可在 7 天内书面确认，而咨询工程师对这一确认在 14 天内不做出书面反驳，则承包商的书面确认即被认为是咨询工程师的指令(包括变更令)。

评估工程变更令的基础和参照系是合同中已定的单价和费率，应该包括原价格中的利润部分，这在第 52.1 款中很明确，当然前提是假定承包商投标时的各单价切实可行且其中已包含有合理利润。如果没有合适的参考单价或费率，业主与承包商可另外商定合理的价格和费率。如果双方不能达成一致意见时，最终应由咨询工程师确定费率和价格。

第 52.1 款、第 52.2 款和 52.3 款中都特别说明咨询工程师在评估和决定价格增减之前应先与业主和承包商适当协商，强调了咨询工程师与双方磋商的重要性。

对于招标时估算并已列在 B.Q. 单中的工作量，在验工时如果实际施工量与 B.Q. 单中所列工程量不同并小于第 52.3 款规定的±15%时，则不属于变更令的范畴，只需按实际工作量计价。FIDIC 合同在 1988 年第四版第 52.3 款中才将可变更范围修改为工作量的±15%，而 1977 年第三版仅为±10%。超出规定的部分则调整单价，费用由业主支付，但不得出现重复计算。

变更令通常采用第 52.4 款中计算点工的方式得以实现，一般从第 58 款的暂定金额项下支出。承包商在计价时应力争采用较保守的英国点工标准,该标准通常可对工费等再向业主额外加收12.5%~64%的管理费,机械设备在一年内(有些甚至半年)即完成折旧摊销。

在商业竞争的环境下,资金都是有偿占用,因而资金的周转和流动对于企业来说如同人体之血液循环一样重要。对于承包商来说,就是要随时抓住付款问题,善于用好工程变更令等合同条款增加收入,以确保项目最终盈利并有利于实施过程中的自身资金周转。某承包商在海外承包的某房建项目,施工现场是在一个公园内,合同中已经写明承包商可使用公园前门运料施工。但开工后,实际情况证明业主招标时的这种考虑明显欠妥,影响了公园的正常营业。为避免对游客的干扰,业主在签约后又指示承包商改用后门运料,这就需要另外修建便道并加固小桥,因而更改了作为投标基础的有关合同文件。咨询工程师为此只得发出变更令,追加费用是合同额的 4%。

FIDIC 合同中涉及付款与工程变更令的条款经常是交叉相关和彼此制约的,因此,承包商在阅读标书时,应该根据实际情况,注意综合研究全部有关条款和文件,通盘考虑并解决出现的问题。

索赔条件与案例分析

FIDIC合同的框架关系是业主、咨询工程师、承包商之间的三位一体。

咨询工程师在业主与承包商之间起着过滤器和筛子的作用，他应该在业主与承包商之间独立地根据合同秉公决断，即将有关的合同条款套用到发生的具体事件上，公正无倚地监督项目实施。

咨询工程师并不作为合同中的任何一方，因而为了项目实施，他有权作为中间人对业主和承包商发出指令并约束双方，行使法律上准仲裁人的权利，业主无权影响甚至干涉咨询工程师的决定。同时，承包商应该切记：业主为咨询工程师所提供的服务支付薪水。在这个意义上，可以说业主又是咨询工程师的主人。

作为承包商，履约过程中日常工作主要是与咨询工程师交往，许多具体事宜在实施前需先获其认可及推荐。要特别注意，与咨询工程师和业主的一切往来必须采用书面形式，函件中应尽量引据合同条款及有关事实，并建立发文的签收制度，做到有理有据。

我在海外参与实施的一个公路项目，系采用 FIDIC 合同 1977 年第三版，合同额为 981 万美元，工期 24 个月，咨询工程师来自英国一家老牌咨询公司。

项目在实施过程中，遇到该国与邻国发生争端，邻国单方面关闭两国边境，停止向这个内陆国家提供燃油，造成项目主体工程停工 9 个多月，为合同工期的 37% 强，属于重大风险。我方依合同有关条款，据理力争，经过一年多的艰苦交涉，最后获得燃油危机索赔成功。索赔金额达 429 万美元，是合同额的 44%，并就此顺延工期 29 个月。

该项目在燃油危机发生后，在与咨询工程师及业主的索赔交涉中，经过认真研读标书，我们主要运用了 FIDIC 合同以下有关条款。

第 2 款　咨询工程师的权利和义务

业主一般在合同特殊条款中加入限定："对于给承包商增加额外费用、核定索赔金额、确认延长工期等将导致工程追加开支的决定，咨询工程师必须事先报经业主批准。"该项目即加列特殊条款第 2.3 款，增加对咨询工程师的权力限制。所以，应该注意在努力做好咨询工程师疏导工作的同时，切不可忽视业主在决定索赔、延长工期时的重要作用。

在索赔过程中，咨询工程师多次引用此款的限定，推托无权决定对项目增加额外费用。因此，要随时协调并处理好业主、咨询工程师和承包商之间的三角关系。

第 12 款　标书的完备性

这是承包商在遇到不利的外界障碍或条件时，保护自己、防范风险而经常使用的条款之一,属 FIDIC 合同核心条款,是各类索赔的理论依据。在工程施工过程中,如果遇到外界条件或人为障碍,而这些又是一个有经验的承包商在报价和编制标书时无法合理预见到的,此时承包商可以根据该条款和第 52.5 款向业主提出索赔,或者要求咨询工程师按第 40.1 款发出暂时停工令,追加额外费用。在项目实施中所遇燃油危机显然是“一个有经验的承包商无法合理预见到的”,咨询工程师和业主对此均无异议,承认属于“人为障碍”。

第 13.1 款　应遵照合同工作

该款明确规定承包商应严格按合同施工直至竣工,以达到咨询工程师的满意为标准。但是,开宗明义地将这一规定限制在“除法律或实际上做不到”的条件之下。因此,如果签约后发生重大风险事件致使合同中途受阻,承包商可根据这一限定及第 66 款而解除履约。

燃油危机的发生,使承包商的履约“实际上做不到”——道理很简单:没有燃油,无法施工。因而,我方在燃油危机中采取的策略是:要么与业主终止合同,要么使其支付令人满意的索赔款,逼业主两者取一,以终止合同为有力手段,促成巨额索赔。

第 20.2 款　意外风险

发生意外风险的同时也伴随有创收机遇,如果控制和利用得好,可以争取到对我有利的经济索赔。该款属 FIDIC 合同核心条款,应与第 12 款、第 52.5 款、第 65.5 款共同使用。承包商认为这两个国家的关系紧张构成敌对行为,由此导致的燃油危机是混乱,属于意外风险和特殊风险,阻碍了我方正常履约,因而有权为此获得业主的经济赔偿,并得到了咨询工程师的认可和支持。这是我们索赔成功的理论基础。

请注意,FIDIC合同1988年第四版对此做了修改,改称“业主的风险”,明确如遇这类风险时由业主承担经济损失,主要是由于意外风险的说法并非十分清楚,而且容易误解——有人可能争辩说自然力的所有风险都可以预见,不应算做意外,所以很难检验。

第40.1款 暂时停工

燃油危机发生后,承包商即一再致函咨询工程师,要求按此款规定发出暂时停工令,以便作为经济索赔及下步工作的法律依据。尽管该款授予咨询工程师暂停工程进展的权力,但是,如果他出于某种目地而借口第2.3款限权拒绝下停工令,则在仲裁时仲裁人将了解当时的实际情况,确认是否发生了第20.2款的风险情形。若属实,仲裁人即可纠正咨询工程师的错误,补下停工令并具有法律效力。

发生重大风险事件后,对业主和承包商最经济的解决办法就是暂时停工,以减少双方费用。如果这时承包商即不能施工又没有合法停工令,势必造成所有人员、设备和材料等耗在工地,同时不断发生未知费用,而业主应为此承担全部经济损失,只能增大业主的赔偿金额。

尽管工程师管理合同的权力可能有限,但如果所遇情形确需工程暂时停工,则为了项目本身和业主、承包商双方的利益,咨询工程师无疑应该发出停工令。

第40.2款 暂时停工超过90天

该项目因缺乏燃油供应,停工达270多天。在实际停工的第91天时,我方致函咨询工程师要求继续施工,而当时根本没有燃油供应,复工仅是一句空话。在第90+28天后即又按此款规定提出与业主终止合同,并要求业主支付第69款业主违约项下的索赔款。

在交涉中应特别注意做到有理、有利、有节。由于这条公路是进出该国首都的生命线，当业主和咨询工程师一再拒绝终止合同后，我公司提出若业主不愿终止合同，也可根据该款规定进行合同部分删除，删掉对我不利的已经停工超过 90 + 28 天之全部工程，将原合同视为无效合同，仅保留利润丰厚的已有道路养护，因为该部分工程计价付款是采用很保守的英国点工标准。如果业主仍要求我公司实施原工程，则属于合同翻新，双方必须协商调高有关单价。

第 44 款　竣工期限的延长

延长工期对于国际承包工程至关重要：既可避免合同罚款，又可索赔延期管理费。对于正常的工期延长，承包商享有获得补偿延期管理费的合法权益。根据合同一般条款，咨询工程师确认延长工期即有法律效力。但是，业主通常在第 2.3 款的特殊条款中再限制咨询工程师的权力，包括对因延长工期而可能造成项目增加费用等，把最终的决定权掌握在业主手中。

如遇业主或咨询工程师无理拒绝延期，承包商有权为此索赔赶工费。该项目原合同工期为 24 个月。经过交涉，承包商就各类风险因素如燃油危机、罢工骚乱和业主征地延误等，获得咨询工程师及业主正式书面确认延长 35 个月，其中燃油危机延长 29 个月，罢工骚乱延长 2 个月，业主征地延误 4 个月。

第 51.2 款　书面变更令

该款与第 1.2(3)款合用对承包商自我保护非常有用。若遇咨询工程师对事件不给予书面确认，承包商可在 7 天内书面确认，而咨询工程师对这一确认在 14 天内不做出书面反驳，则承包商的书面确认即被认为是咨询工程师的指令，因为根据第 1.2(3)款之规定并不局限于变更令。

燃油危机发生后，咨询工程师拖而不发停工令，我方即按此条款书面确认实际停工，而咨询工程师又根本无法否认停工的事实，从不反驳承包商发函。因而根据此条款，可认为咨询工程师已经发出暂时停工令，并成为我方引用其他合同条款进行交涉的基础。

第52.5款　索　赔

这是FIDIC合同核心条款。

风险出现的同时也就形成了索赔环境，承包商应在任何引起索赔事件发生后的28天内提出经济索赔，并可就以下条目进行索赔：

1. 直接费，如工费、料费、机械折旧费或机械闲置费；
2. 管理费；
3. 赶工费；
4. 额外发生的工、料、机费；
5. 延长工期及延期管理费；
6. 资金回收(Recapitalization)，在索赔时应注意避免使用“利润”的提法；
7. 业主拖延支付索赔而致使承包商损失的利息；
8. 整理索赔时发生的费用(据实报销)；等等。

承包商的任何索赔都应为书面的，并注意做好现场日志，及时提交索赔详单和依据。

承包商在有关索赔的函件中均反复引用该款，并按月提交索赔报告及证据。在交涉索赔时应避免给人以借机敲诈勒索的印象，否则可能适得其反。索赔金额要有合同条款及事实依据，合情合理，证明承包商确有经济损失，以争取咨询工程师的同情和支持。

第60款　验工证书与支付

这是一条关键性条款，可以充分防范业主付款能力的风险，避免业主寻找各种借口拖延支付。但业主通常在特殊条款中取消对其付款的天数限制或将期限改为 60 天或 90 天。

对于前者,因属原则问题,承包商不应接受,否则对业主付款失控。承包工程这一商务活动的核心正是付款,验工计价资金的周转快慢对顺利实施整个项目有着直接影响。如果业主在合同规定期限内不能按约付款,根据第 69 款属严重违约,承包商就有提出终止合同的主动权。理论上,在终止原合同后如果业主要求承包商继续履约,则属合同翻新,这时就要重新议标并协商价格,届时承包商将处于十分有力的地位。若承包商在综合考虑各种因素后不准备与业主终止合同,也可据此条款向业主索要拖期利息。

在项目实施过程中,遇业主几次拖延若干天付款,承包商即按该款规定致函并出示证据,均获咨询工程师推荐,批复支付拖期利息。

第 65.5 款　特殊风险

应该与第 12 款、第 20.2 款、第 52.5 款等合用。发生这类风险后,应由业主承担有关经济损失,因为承包商不可能在投标时将各种重大风险折算成价格放入总标价。这种在报价时预列过多的特殊风险基金之做法,并不经济且无疑将加大业主的项目成本。FIDIC 合同条款的合理之处就在于如遇各类风险情况,业主将以索赔的形式赔偿承包商因此造成的经济损失。

第 66 款　合同中途受阻

当履约过程中发生双方无法控制的任何情况,灾难性地改变了签约时的条件,这时可以抓住时机,利用该款排除重大风险,解除已签不利合同。

所遇燃油危机就属于这种情况,因而可以充分引用此款,借终止合同促成索赔,变风险事件为创收良机,尽可能减少承包商的风险损失。

第 67 款　争端的解决

该条款对于排除重大风险具有特别意义，是承包商防范风险的主要措施之一。签约前对于这一合同条款应该特别注意，不宜接受对我不利的仲裁条款和机构。因为一旦签约，承包商只有履约的义务，几乎无法否认已签法律文件，要想摆脱困境、解除合同，只有求助于仲裁。

我方合同采用的是较公正的、国际通用的联合国国际贸易 UNCITRAL 仲裁规则。起初，咨询工程师的准仲裁是按线性回归的纯数学模式，根据我方燃油危机前的验工计价总额及有关曲线，向业主推荐支付我公司 175 万美元所赔款。但是，我方不接受这一准仲裁，并进而按该款提出付诸国际仲裁，同时请好国际名律师准备出庭。

根据该条款，仲裁人可以复查、修改并否决咨询工程师过去的一切决定。业主这时开始惧怕仲裁败诉，提出希望与我方友好协商解决争端。

在按合同进行经济索赔的同时，我们也认真分析了项目所在国的国情及其对华关系，配合加强外交活动，依靠我国驻该国使馆、经参处的全力支持和帮助，最后共拿回 429 万美元燃油危机索赔款。比咨询工程师的推荐多拿回 254 万美元，由此可见仲裁条款的重要性。

第 69 款　业主的违约

承包商对此款规定的业主违约行为应了如指掌，时刻掌握主动权。因为签约后必须双方共同遵守履行，不能只是对承包商单方加以限制。在业主违约造成终止合同后，双方仍可以自由协商有关承包商恢复工作、继续实施原合同的问题，这时已形成对承包商十分有利的合同翻新条件。

终止合同是一个重要的法律问题，除了合同条件本身之外，还要仔细审查合同法并分析各种相关因素，尤其是分析项目所在国的有关情况，以确定终止合同对双方的影响。

强调咨询工程师的重要作用及做好其疏导工作，并非意味着一切唯命是从，要掌握柔中有刚，原则问题上可以按合同据理力争的绝对不能让步。有一次在与咨询工程师交涉索赔金额时，我方复函根据合同条款和事实毫不退让。当时回国休假的咨询主管工程师甚至从英国打长途电话与我争辩，试图维护其错误立场，但我们并没有做出任何让步。

国际承包项目的合同管理及实施是一个复杂的系统工程，涉及政治、外交、管理、气候、材料设备、财务监控、现场环境和人际关系等多种因素。在 CPM/PERT 图中对于关键项、点如果管理控制得当，运用合同有关条款妥善处理风险，把握机遇，变某些风险因素为效益机遇，应能达到预期的最佳目标。

工期索赔

国际承包商应该建立这样的概念,即不能笼统地说项目完工得越早就越好。因为若不计成本的话,只要无限制地大量投入人力、物力和机械设备等,项目肯定会在极短的时间内就得以完成,但结果必然是经济上的严重亏损。应该是在投入资源不变的前提条件下,选择并实现最佳经济工期,以确保工程能够最终盈利。工期安排的优劣对于施工方案、施工机械设备的配备、材料的采购安排、人员数量等均有影响,应该建立在切实可行的基础上。因此,承包商必须认真研究合同工期及与之相关的索赔问题,力争做到按计划竣工。

以下探讨国际承包工程中常见的工期索赔问题。由于 FIDIC 合同标准的一般条款是用英文编写的,合同第 5.1 款(语言和法律)通常规定使用的工作语言也是英文,而汉英两种语言上又存在着差距,文中有些地方注明英文原词的出处,以便更好地说明有关问题。

工程的延误

何谓“延误”(Delay),在FIDIC合同中并无明确定义,但承包商可以参阅合同第6.4款(图纸误期及其费用)、第40.1款(暂时停工)、第42.2款(未能给予占用权)和第47.1款(误期损害赔偿费)等条款的内容做出相关解释。

合同第14.1款(应呈交的进度计划)中规定,承包商在获得业主的中标通知书后,应该提交一份书面的进度计划和施工组织说明,编制时要注意切实可行和留有余地,并应力争获取咨询工程师的批准。这份进度计划与第46款(施工进度)合用,就提供了一个时间参照系,承包商可以据此作为进行有关工期索赔的依据,并就对原计划的修订及分项工程的拖延向业主进行索赔,增强自我保护地位。

当咨询工程师认为承包商的实际进度比计划进度有所落后,不能保证按照合同第43.1款(竣工时间)规定的工期完工时,有权根据合同第46.1款(施工进度)的规定,要求承包商“加快施工进度”(Expedite Progress),即常说的“赶工”,并且承包商没有任何理由要求延长工期。该款同时规定,如果这种进度落后没有适当理由,这时就可以认为属于“延误”,承包商就要加速施工并“无权要求为采取这些步骤支付额外费用”。如果出现延误,承包商应该采取各种措施挽回已形成的被动局面并防止再出现新的延误,以避免合同第47.1款(误期损害赔偿费)的罚款。

如果咨询工程师对承包商的工程进度缓慢一再按合同第46.1款(施工进度)发出书面警告通知,就形成了业主引用合同第63.1款(承包商违约)之(d)条的先决条件。值得注意的是,在1977年第三版FIDIC合同第63.1之(d)条中咨询工程师的书面警告英文用的是复数warnings,没有次数的限定,可以是两次也可以是无数次,对承包商相对宽松,完全取决于业主的最终判断和决定,看情况是不是积重难返、再也无法挽救。而1988年的第四版中改得较为严格，warning 用的是单数，这意味着承包商在接到这种警告后，只能有一次补救的机会，没有空子可钻。

如果承包商的拖延是由于业主的原因造成的，或能够证明其施工进度不理想是由于超出其所能控制的原因造成的，则如果在拒绝延长工期的前提下，为了确保合同第 43.1 款(竣工时间)规定的原工期，承包商只得加速施工，并有权为此向业主索赔赶工费，同时咨询工程师要对其不能及时批复延期的错误决定承担相应责任。

如果业主拒绝承包商的合法延期要求，并且使用高压手段逼迫承包商仍按原进度计划的工期完工，在客观上势必造成承包商的被迫赶工，因此将导致承包商增加劳动力、加班、添置设备等资源，加大其项目成本支出。

判定合同中哪一方对“延误”负责，在决定是否应按合同第 44.1 款(竣工期限的延长)给予承包商工程延期时(包括随之而来的经济索赔)是相当关键的。这种判定往往取决于三个因素：

(1) 是否超出控制，而且这是首要的关键；

(2) 原因可否预见；

(3) 合同中有关的具体规定。

FIDIC 合同中有关延长工期的典型条款是第 44.1 款(竣工期限的延长)，该款在合同中的惟一作用也只是延长工期，其中赋予咨询工程师决定权，决定是否应该延长工期，以及可以延长多长时间。承包商据以延长工期的理由包括：

(1) 额外的工作量；

(2) 特殊的不利条件，如恶劣气候；

(3) 其他非承包商过失的任何特殊情况，等等。

工程的拖延

在 FIDIC 合同的条款中从未出现过“拖延”(Prolongation)这个词，而实际上是承包商在向咨询工程师和业主交涉工期时，经常喜欢使用的一种说法。

前面提到的“延误”(Delay)这个词，仅指承包商不能按约保证施工进展而超过原合同完工的日期。实际上工程进度的很多时间延长是符合合同规定的，因此可以说，凡是属于符合合同第44.1款(竣工期限的延长)的时间是拖延，承包商在向咨询工程师和业主交涉时，通常是使用Prolongation这个英文词，而违约的时间延长则为延误，咨询工程师和业主则常用英文Delay这个词。

“延误”与“拖延”是一个问题的两个方面，出现工程的“延误”(Delay)是承包商的责任，而发生“拖延”(Prolongation)与承包商无关。

如果承包商不能按期完工，则最突出的问题就是要不断提出自己的合适理由，根据合同有关条款，交涉延长工期。

关于项目的延长工期，FIDIC合同的1988年第四版比1977年第三版在语言上表述得更清楚，语言更加精练，子条款的划分也更符合逻辑。

工程的延期与索赔问题贯穿于合同始终，其中最主要的常用条款是合同第44.1款(竣工期限的延长)和第53款(索赔程序)。

合同第44.1款(竣工期限的延长)中规定：“如果由于……除承包商不履行合同或违约由他负责的以外，其他可能发生的特殊情况，使承包商有理由延期完成工程或其任何区段或部分，则咨询工程师应在与业主和承包商适当协商后，决定竣工工期延长的时间……”因此，“拖延”可广指承包商不能正常施工而影响到项目的正常进度，不管是否直接影响到工程的总进度，承包商均可以提出索赔要求。因此，即便承包商能够按期完工或甚至提前完工，都有权要求延长工期。但是，延长工期与索赔并不是充分必要条件。除对于合同条款规定有提前完工奖的项目更有明显的实际意义外(因为到延工期日为合同工期)，承包商应视交涉延期是否能够带来经济效益而决定是否下力量去干。

值得一提的是，合同第44.1款(竣工期限的延长)与合同第47.1款(误期损害赔偿费)有着密不可分的关系，后者不仅赋予业主对承包商的工程延期进行罚款，而且对联带因素和损失要求赔偿。

业主实施合同第 47.1 款（误期损害赔偿费）的延期罚款只能从最新批复的延期终止日才能开始，要在原工期加上延期后的时间。

由于承包工程的风险性很大，有经验的承包商在排算工期时通常考虑多种可变因素的影响，并适当留有余地，以避免出现罚款的被动局面。当出现不可预见的延期情况后，必须及时通知咨询工程师和业主，并做好书面记录，这对于承包商落实延期和相关的经济索赔都有好处。

每当按合同第 44.1 款（竣工期限的延长）给予承包商一定的延长工期后，应该明确规定新的竣工日期以取代合同第 43.1 款（竣工时间）中原规定的竣工日期，这一点从法律上讲相当重要。

工程进展中断/暂时停工

“工程进展中断”（Disruption）的说法，只是在 FIDIC 合同第 6.3 款（工程进展中断）里出现，是指工程在计划和施工被“咨询工程师未在一合理时间内发出进一步的图纸和指示，就可能造成工程计划和施工的延误或中断”。在后面的合同第 6.4 款（图纸误期及其费用）中规定，如果咨询工程师不能在一合理的时间内发出第 6.3 款（工程进展中断）规定的任何图纸或指示，从而导致承包商的工期延误和费用增加，则这时咨询工程师应公正地做出合同第 44.1 款（竣工期限的延长）的延期并给承包商追加补偿相应金额。导致额外费用的条款还有合同第 12.2 款（不利的外界障碍或条件）、第 40.2 款（暂时停工后咨询工程师的决定）和第 42.2 款等（未能给出占有权）。

合同第 44.1 款（竣工期限的延长）是关于延长工期的关键条款，其中赋予咨询工程师权力，当发生延期时批付延期。是否给予承包商延期，由咨询工程师根据对合同的理解、对在工程施工中涉及的有关情况的评估、以及在其通知中阐明的索赔依据为基础。咨询工程师应在与业主和承包商协商之后，独立公正地做出自己的客观决定。

咨询工程师和承包商在该款下均有义务，在实际使用上也相当复杂，通常在特殊条款中也只是泛泛而谈，并无准确的量化界定，有时也很难落实。

工程进展中断(Disruption)可能出现在合同的任何阶段，会改变承包商原计划的工作效率，造成履约时间超出合同第43.1款(竣工时间)规定的原完工时间(包括第44.1款(竣工期限的延长)规定的法定延期)，这种延误造成未及预测的时间损失及相应的费用增加，导致生产力比原准备的降低，未料及的停工和再开工动员、人员和设备的闲置、遣散费用和由于中途停工带来的一系列问题。对于有些可能造成延误的因素应采取预防措施，加以控制和防止。

“暂时停工”出现在施工的过程中，有时业主可能暂时要求停工，或发生实际情况迫使项目暂时停工的情形，造成正常施工的非正常停顿。这种情况就是FIDIC合同中第40款(暂时停工)中所述的暂时停工(Suspension)。出现这种情况后，咨询工程师要书面指示承包商“对工程或其一部分进行咨询工程师认为必要的保护和安全保障”，承包商一方面有义务据此保护停工期间工程不受损害，另一方面又有权得到相应的延长工期和经济补偿。

如果停工的只是工程的一部分，并且这种中途停顿持续相当一段时间，即满足超过84+28天的条件，则合同第40.3款(暂时停工持续84天以上)指明签约双方可参照合同第51.1款之(b)条，把这种部分停工视作工程删除(Omission of Work)，删掉停工部分日后的工作量。如果造成整个工程停工，并也满足84+28天的条件，则可以把这种全部工程的暂时停工视为业主已经自行放弃了合同，即使用合同第69款(业主违约)的情形，承包商完全有权拒绝继续履约，而相应的补救措施是按照合同第65.8款(合同终止后的付款)对承包商的直接经济损失进行赔偿。

工程的加速施工

所谓“加速施工”，从字面上理解是指加快施工进度。这种现象也是国际工程中常见的实际情况。汉语中都用“加速施工”四个字来表述，但英文的表述方法是有明显区别的，常用的有两个词，一个是合同第 46.1 款（施工进度）中所用的 Expedite Progress，另一个是在 FIDIC 合同正文中并没有出现过的 Construction Acceleration，后者是承包商经常喜欢使用的字眼。在国际承包工程的市场上，两个词汇各有其内涵，通常不能混淆使用。

咨询工程师通常引用合同第 46.1 款（施工进度）并使用 Expedite Progress 的说法指示承包商加速施工，业主常据此拒绝接受对项目的加速施工给予承包商额外经济赔偿。因此，承包商在未获书面确认前，聪明的办法就是拒绝执行超出合同义务而又与已无关的加速施工。

如果项目的施工进度比原计划明显落后，咨询工程师就可能根据合同指示承包商加快施工进度，以赶上原计划和原合同工期。这时造成拖延的原因就至关重要：如果拖延是承包商自己的原因造成，则这时属于 Expedite，并无权要求任何经济补偿；如果延误属于业主或意外超控原因造成，而业主却要求承包商仍按原工期完工，这时就形成了 Acceleration 的局面。由此可见，Acceleration 与 Expedite 有着本质的区别：前者是指拖延，责任是由业主或超出控制的原因造成，承包商没有任何失误；后者是承包商的责任，有合同义务自费采取补救措施，赶回工期。

FIDIC 合同只是在第 46.1 款（施工进度）中有“加速施工”（Expedite Progress）的说法，同时该款明确规定，咨询工程师要求承包商“加速施工”时，承包商无权就此提出经济赔偿的要求。可以说，加速施工包括了加快施工，但加快施工是承包商的失误所致。

对于承包商的“加速施工”（Construction Acceleration），业主应

该支付赶工费。常见造成“加速施工”的原因是对于承包商按照合同第44.1款(竣工期限的延长)提出的正常延期要求,咨询工程师一直不能确认应有的工期补偿,而仍要求承包商按原合同第43.1款(竣工时间)的工期完工。这样,承包商如果超过该款规定的日期,就要蒙受合同第47.1款(误期损害赔偿费)的过期罚款,不得不加速施工以避免罚款。因此,承包商就付出了代价,必须增加人力和物力等,甚至加班加点,由此增加承包商的费用支出,形成赶工费。这是由于咨询工程师的不合理要求造成的,所以,承包商可以索赔赶工费,要求经济补偿。

如果咨询工程师无视承包商的各种理由,拒绝批复延长工期,坚持承包商按合同第43款(竣工时间)的原工期完工,则因受制于合同第13款(应遵照合同工作)的限制,承包商仍应按咨询工程师批复的工期完工。但是,在按第67款(争端的解决)付诸国际仲裁后,如果仲裁员推翻了咨询工程师关于工期的原决定,确认这段施工属于加速施工(Acceleration),则咨询工程师应该对其失误负责,这时承包商有权追回应得的经济补偿。

变更令对工期的影响

合同第51款/第52款(变更、增添和删除)应该是一个整体,承包商在实际运用FIDIC合同时,要注意将两个条款联系起来,综合进行阅读和理解。

如果咨询工程师按合同第51.2款(变更的指示)发出变更令,就可能打乱承包商原有的正常工序和进度,引起工期损失。在这种情况下,工程仍在不停地进行中,只是进度被迫减慢。因此,咨询工程师在发出变更令时也应指明变更调整相应的工期时间。

合同第51.2款(变更的指示)规定,工程变更必须是咨询工程师的书面指示,除非承包商根据合同第2.5款(书面指示)在接到咨询工程师口头命令的7天内书面确认其口头指示,并且咨询工程师在此后的7天内并无书面异议,则承包商的确认可以解释为是咨询工程师的书面命令,即变更指示。

合同在第 52.2 款(咨询工程师确定费率的权力)中规定,“除非在上述指示发出之后 14 天内,以及在变更工作开始之前(省略的工作除外),应发出如下通知之一,(a)由承包商将其索取额外付款或者变更费率或价格的意图通知咨询工程师……”,合同第 51.2 款(变更的指示)的工程变更不能得到估价并不能得到补偿。这就是说,即使咨询工程师发出变更令,并不能自动使得承包商享有得到补偿的权利,而必须书面提出要求,为此追加费用。

有时业主在合同第 2 款(咨询工程师的权力和义务)的特殊条款中限定咨询工程师延期增费的权力,一般该款中加入如下限定:“对于给承包商增加额外费用、核定索赔金额、确认延长工期等将导致工程追加开支的决定,咨询工程师必须事先报经业主批准”。因此,承包商对此应该特别注意,在努力做好咨询工程师疏导工作的同时,切不可忽视业主在延长工期及相关经济赔偿时的重要作用。

工期索赔的量化

承包商在其工期索赔的资料中,通常包括时间的延长和经济损失的补偿两方面的内容。业主在实际执行 FIDIC 合同第 44.1 款(竣工期限的延长)时,通常只给承包商延长工期,并不为此支付任何经济赔偿。承包商却都要求在延长工期的同时,按合同第 53 款(索赔程序)及第 12.2 款(不利的外界障碍或条件)等给予经济赔偿,因为工期的延误使其丧失了根据合同进行创收的机会。FIDIC 合同认为,承包商的这种要求是正常的,因为合同第 1.1 款(定义)之(g)(i)条中对“费用”的定义包括了现场以外的公司总部管理费。

承包商在要求这种工期经济索赔时,不能笼统地要求业主赔偿其亏损,必须证明确有意外费用发生,并能经受咨询工程师的有关核实和检查。

工期延长一天，承包商就要多负担一天的支出，造成经济损失。所以，工期的顺延就是经济损失。业主应对因业主和咨询工程师的过失造成的延期给予经济补偿，这时承包商通常可以就工期延误索赔延期管理费。业主补偿的原则是支付承包商的实际经济损失。在获得延长工期的时间索赔后，如何再将其转化为具体的经济索赔，常见的计算方法有以下两种：

(1) Quantum Meriut 法

Quantum Meruit 是拉丁文，其含义是"验量付款"。这种方法就是在补偿承包商实际所受损失为准则的条件下，采用据实报销的方式赔偿承包商发生的实际经济损失，以其停工期间开支的实际数字为支付依据。在最终确定支付索赔时，承包商必须出示开销的发票、收据、账目等财务凭证，并要落在实处。因此，承包商平时应特别注意搜集有关证据，做好按此法进行索赔的准备工作，以防钱花出去了，但到索赔时却又拿不出证据来的情形。

(2) Hudson/Emden 公式

由于管理费在投标时是作为一个百分比打入报价中，通常情况下其回收又是一个时间函数，FIDIC 合同认为，停工期间承包商的人员和设备等并不能再投入生产，也就没有验工计价作为经济收入，但被项目占用着，造成实际经济损失。如果没有停工影响，承包商可以在这段时间通过施工挣回报价时打入标价中的管理费。基于这种可能，以及只支付承包商实际蒙受的经济损失的原则，业主对工期索赔仅支付承包商的停工管理费。习惯上采用如下的 Hudson/Emden 公式：

$$H_{\mathrm{E}} = C_{\mathrm{P}} \times H_{\mathrm{O}} \times \frac{D_{\mathrm{T}}}{C_{\mathrm{T}}}$$

式中

H_{E}——延期管理费金额；

C_{P}——合同金额；

H_{O}——公司总部管理费率(百分数)，通常可用管理费和利润之和除以营业额后得出；

D_T——延期时间(天数);

C_T——合同工期(天数)。

国际承包工程延期管理费的补偿计算通常是以上述公式为基础,在此计算结果上再根据实际情况做出适当调整。我曾与一些国际咨询工程师探讨过该公式中用于支付延期管理费的百分比问题,一般认为如果咨询工程师推荐12%左右的延期管理费率,比较容易被业主所接受,当然这个百分比可随项目的规模上下合理变动。

工期索赔的特定条款

如前所述,承包商可以在履约的过程中索赔工期,乃至要求因工期顺延而向业主追索额外的费用补偿。额外费用的索赔主要可能涉及如下合同条款。承包商应该善于运用这些条款,维护自身利益,掌握主动地位。

第1.1款(定义)之(g)(i)条 "费用"包括现场以外的管理费和应分摊的其他费用;

第6.4款(图纸误期及其费用) 咨询工程师出图延误而不能满足承包商的施工进度安排;

第12.2款(不利的外界障碍或条件) 外界障碍或条件干扰按原进度计划施工;

第14.1款(应提交的进度计划) 各类索赔的时间参照系;

第17.1款(放线) 咨询工程师书面提供的位置、标高、尺寸或基线数据等出现差错;

第20.4(g)款(业主风险) 咨询工程师设计不当造成的风险损失;

第27.1款(化石) 施工现场发现化石或类似事件对进度的干扰;

第31.2款(为其他承包商提供方便) 其他承包商的干扰;

第36.5款(咨询工程师关于未规定的检验的决定) 测试的

影响;

第 40 款(暂时停工)　合同中途停工的影响;

第 42.2 款(未能给出占有权)　业主征地延误造成进度落后;

第 44 款(竣工期限的延长)　顺延工期的关键条款;

第 46 款(施工进度);

第 51 款/第 52 款(变更、增添和省略)　工程变更令的影响;

第 53 款(索赔程序)　进度计划将有助于发生索赔后的时间评估;

第 59 款(指定分包商)　指定分包商的工期延误;

第 65 款(对特殊风险不承担责任);

第 66 款(解除履约)　量变到质变,不是简单延长工期的问题,而是双方终止继续履行合同;等等。

确保合同的工期相当重要,也是承包商现场管理的首要工作之一。许多承包商出现的项目亏损,大多与各种原因造成的拖延工期有关,而且可以说,延误工期是造成项目经济亏损的主要因素之一。工期的拖延将影响承包商的信誉,同时也会造成经济损失,因为工期的延误使得承包商必须面对业主的各种惩罚性措施、管理费的意外增加、周转资金的利息损失,甚至包括其分包商可能继而提出的连锁索赔等负面影响。

索赔与反索赔

国际承包工程的合同是业主与承包商之间为确保项目的顺利实施形成的“相合而同”，是一种法律契约关系。在这种关系下，合同中所列的各种条款并不是最终目的，而只是为达到这一目标而规定的有效制约手段，签约双方往来时的焦点实际上是经济问题。

FIDIC合同并不希望承包商在其报价中就将不可预见到的风险因素和大笔应急费用全部包括进去，以便补偿履约过程中可能发生的有关经济损失，而是主张如果确实发生了此类事件，则应由业主赔偿或支付这类费用，这就构成了索赔的理论基础。

大家常说的“索赔”是从英文Claim这个词翻译过来的，其英文原意是A demand for something as one's due，有“索取赔偿”的味道，但也并非仅限于此，还有更广泛的含义。因此，很难确切地对Claim这种行为做出一个界定的定义。

合同执行的过程中，如果一方认为另一方没能履行合同义务或妨碍了自己履行合同义务，或是当发生合同中规定的风险事件后，结果造成经济损失，则受损方通常会提出索赔要求。显然，索赔是一个问题的两个方面，是签订合同的双方各自应该享有的合法权利，实际上是业主与承包商之间在分担工程风险方面的责任再分配。

由于通常是承包商首先提出要求经济补偿，因此主动提出索赔的一方往往也是承包商，故而人们常说承包商进行索赔而业主是在反索赔，给人的印象好像有主动与被动之别。实际上这种经济要求的行为是双向的，在英文中都是使用相同的 Claim 这个词，并没有主动与被动之分，只是索赔的出发点和对象各不相同罢了。国内同行经常使用“索赔”与“反索赔”的说法以示区别，反之亦然。

本文在探讨有关索赔的问题时，是站在承包商的角度来谈的，因此仍然沿用了承包商的索赔与业主的反索赔这种习惯说法，如果站在业主的角度，就可以说是业主的索赔与承包商的反索赔。因为面对承包商在经济上的不断索取，业主必然要千方百计地主动出击，进行反扑，根据合同条款向承包商提出各类要求，以图降低项目支出并控制造价，减少额外费用，达到能在预算合同价格内完成工程的目标。

必须承认，“索赔”这个字眼本身就相当刺激，被索赔的一方只要看见这个词，第一反应肯定是心理上的难以接受，并会想尽各种办法予以拒绝，因而有时很难对索赔的详细内容再进行客观和认真的研究，从而做出合理的让步。因此，一谈索赔，人们马上联想到的就是分歧和争议。究其原因，可能是“索取”涵义造成的影响，但实际上这是很合理和正常的，就像在机场 Baggage Claim 处提取行李那样自然。因此，在处理索赔时，特别值得注意的是一定要排除感情因素的干扰，以事实和合同为根据，秉公决断。

在起草 FIDIC 合同 1988 年第四版时，国际咨询工程师联合会曾经想力图回避采用“索赔”这一容易引起争议的用词。有人建议代之以 Requests for additional payment that are agreed，即“要求额外付款，同时需获各方同意”，但这样一来使得文字上显得很冗长，二来由于要取得业主、咨询工程师和承包商三方的一致"同意"，而这种一致"同意"的取得可能漫无时日甚至根本就不可能，并使得签约双方尤其是承包商实际上丧失了合同第 67 款（争端的解决）赋予的仲裁权利，因此实际上也很难如愿。

FIDIC 合同 1988 年第四版中单独列出第 53 款（索赔程序），专谈有关承包商的索赔问题。该款用 5 个子条款代替了 1977 年第三版中的第 52.5 款（索赔）这样一个子条款，更加详细地规定出一个对业主和承包商都有利的关于索赔的具体约束方式，以便使得繁琐、细致和耗费时间的索赔工作能够实现规范化，但两者目的并无差异。

整个第 53 款（索赔程序）的初衷是希望能使索赔工作规范化，以便遵循严密的程序办理，加快解决问题的进程，以避免过去经常出现的各类手续纠纷。但该款只是一个程序条款，其本身并不能构成某个具体索赔的依据。因此，承包商应在合同中另外找出就具体事件进行索赔的条款根据，作为合同的法律依据和交涉准绳，例如常用的有第 12.2 款（不利的外界障碍或条件）、第 14.1 款（应提交的进度计划）、第 17.1 款（放线）、第 20.4 款（业主的风险）、第 40 款（暂时停工）、第 44.1 款（竣工期限的延长）和第 65 款（特殊风险）等。以下从承包商的角度探讨这些问题。

第 53.1 款　索赔通知

承包商应该注意"在引起索赔事件第一次发生之后的 28 天内"，书面向咨询工程师记录自己的索赔意向，索赔动因必须客观成立。这种记录只要在函中写明事件是何时第一次发生的，并说明保留日后就此进行合法索赔的权利即可（to reserve legal right to initiate a claim against…），同时必须抄送一份给业主。这一内容是在 1988 年第四版中最新加入的，而 1977 年第三版中第 52.5 款（索赔）只是要求承包商按月提交索赔报告及证据，并没做出具体的明确规定，因此有时可能造成业主或咨询工程师的推诿现象。

承包商应该特别注意严格遵守这一规定，主动创造索赔机会，并及时通知咨询工程师，才可能落实具体的索赔。索赔应该一事一办，通常要对具体的不同索赔内容分别顺序编号，以便日后引用方便。在发生索赔事件后，承包商应该特别注意及时做好当期记录，避免久拖不记，更不能采取算总账的办法，最终造成被动。如果总是担心因提出索赔而影响与业主或咨询工程师的关系，有意将索赔要求拖至工程结束时才正式提出，就可能事与愿违，造成鸡飞蛋打的结局。

当然，承包商在记录索赔的要求时，无须预见到事件的影响，也不一定在当时就进行索赔，不过事发后必须向负责管理合同的咨询工程师送交这种记录索赔意向的通知，否则日后将可能丧失合同规定的索赔权利。

对索赔的通知和证明均有明确的时间限制，这就是人们常说的索赔记录的时间效应。因为如果没有记录或记录不完整，则业主与承包商都会认为他们自己对事件的记忆是无可争议的，应该以自己的记忆作为解决索赔的依据，而实际上双方各自的记忆又很少能够吻合，因而产生对索赔处理的结果都不满意的终局。如果不能做好当期记录，承包商的权利肯定会受到影响，甚至可能最终丧失这种合法权利。

第 53.2 款　当期证明

索赔意向并不能作为具体索赔时的依据，因此，该款明确规定在发生索赔事件后，承包商必须做出当期记录并以此作为日后支持其索赔的文字依据，而 1977 年第三版中似乎认为这是理所当然的，只能说是隐含有这层意思。

接到承包商的索赔要求后，咨询工程师在不必确认合同中业主权利和义务的情况下(Without prejudice to the Employer's rights/obligations under the Contract)，应该对有关的当期记录独立进行审核，并在他认为必要时，有权指示承包商做出进一步的当期记录，以作为补充资料，这一规定是在 1988 年第四版中最新加入的。

承包商就索赔所做的当期记录，对于日后可能提出任何索赔，用以支持其索赔理由相当重要，以能令咨询工程师在日后进行索赔评估时感到满意为准，这项工作必须引起足够重视。如有可能，应该争取邀请咨询工程师进行检查并书面认可这类记录。

第 53.3 款　索赔的证明

承包商在记录了第 53.1 款(索赔通知)的索赔意向通知后，28 天内必须向咨询工程师再呈交一份具体的索赔金额及其合同依据的资料，如被要求的话，则应抄送业主一份。但这里的 28 天期限并非十分严格，条款中也规定在咨询工程师同意后可确定一个较长的合理时间，承认索赔的效果可能持续相当一段时间。如果某个索赔事件一直持续时，承包商应该不间断地累计报送清单，并在终结索赔的 28 天内呈交最终账单。

承包商的索赔除了上述第 53.1 款(索赔通知)和第 53.2 款(当期记录)中要求提供的通知和记录以外，还要举证一切可能涉及索赔的资料，论据要有多种计算方法的支持，达成同一结果，配之以有关的文件证据，谨慎核查自己索赔要求的合理性、整理论据、证明和资料，论述要简明扼要击中要害(切忌连篇累赘，甚至使用刺激性的语言)。

承包商应力争将单项索赔在工程执行过程中陆续及时加以解决，这就要求随时提出说明索赔款项及其合同依据等的详细材料。

第 53.4 款　未能遵守

该款给承包商在不能做到上述各款要求时提供了某种保护，同时也限定了承包商的索赔权利。实际上，出现这种情况后承包商将处于被动地位，因此上策仍应是尽量创造主动索赔的环境，避免形成被动局面，并不得不在最后做出让步。

如果承包商拖延了第 53.1(索赔通知)款、第 53.2 款(当期记录)和第 53.3 款(索赔的证明)的书面通知和报送索赔详单，则其合同权利肯定会受到负面影响和制约，只得受制于咨询工程师或仲裁员根据手头掌握的当期记录做出的判定。

第 53.5 款　索赔的支付

该款明确规定了承包商得到付款的权利和经过确认的索赔金额的支付方式，包括全部或部分的付款，以消除可能发生的关于某一项索赔的付款是否必须要等到全部索赔结案之后才能支付的争论，防止把问题积成堆再解决，通常是将已确定的索赔放在最近的下一次验工计价证书中支付。而在 1977 年第三版中只是隐含着索赔的支付放在验工计价款中办理。

付款的方式是在合同第 60 款(证书与支付)的验工证书项下支付的，只要咨询工程师根据事实和文字依据证明确有损失，但咨询工程师在决定金额之前应该注意与业主和承包商进行适当协商。

出现索赔事件后，要善于正确使用有关合同条款，业主、承包商和咨询工程师都应该抓紧落实和解决，其中起关键作用的是咨询工程师，因为合同一般条款中通常规定咨询工程师有权处理索赔事宜并确定具体的索赔金额。这样对于项目的相关各方有利，并且便于项目的管理和运作。切忌相互指责甚至谩骂，而且问题的形成很难完全归咎于某一方，否则项目的实施就可能形成恶性循环。

尽管许多专家在评价 FIDIC 合同时，认为这是属于一个亲承包商的合同(A Pro-Contractor's Contract)，但合同中关于承包商的责任仍显得十分苛刻，对承包商的制约条款几乎达到无所不包的地步。在实际工作中，承包商基本上是受到制约的一方。因此，承包商只有根据合同的特定条款进行合法索赔，充分用足条款中已明示的承包商可能获得经济补偿的权利，从而改善自己的地位。

FIDIC 合同是标准合同管理的通用文本，其中 72 个条款都是相互制约的，基本上反映了承包商的索赔与业主的反索赔关系。承包商应该认真研究合同条款，对可能导致索赔的地方做好相关的基础工作，特别注意进行主动索赔，并严格按照合同条款规定的索赔程序办齐有关手续。

附表 1

承包商可用于索赔的条款

合同条款	构成索赔的基础	索取补偿的权利	承包商给出通知	付款条件依据	是否包括预期利润
1.1(g)(i)	“费用”是指在现场内外已经正当发生或将要发生的全部费用,包括管理费和应该合理分摊的其他费用,但不包括任何利润或补贴	承包商工作得到报酬,业主付款获得工程	按 53.1, 53.2 及 53.3	53.5 及 60	不包括
第三版 1.2(3)	与第三版第 51.2 款合用,可以构成书面指示,用于在未获咨询工程师书面指示的情况下保护承包商	脚标和旁注与合同正文无关,并不影响对合同条款本身的解释	按 1.5 和 2.5	与第三版 51.2 合用	视具体情况定
1.5	任何交往必须是书面的,并不得无故扣压和拖延	文字根据为履约中一切交涉之本	按 2.5	1.5 及 53	视具体情况定
2	咨询工程师要行为公正和不带偏见	咨询工程师不能秉公办事时	2.6	2, 53 及 69	应包括

续表

合同条款	构成索赔的基础	索取补偿的权利	承包商给出通知	付款条件依据	是否包括预期利润
5.2	组成合同的多项文件有歧义或含糊，咨询工程师发出指示，进行解释或校正	造成拖期和打乱了原计划 咨询工程师为克服此问题发出变更指令	不需要 按51.2	5.2 52	不包括，仅计成本和延长工期应包括
6.4	咨询工程师在合理的时间内，未曾或不能发出承包商正常施工所需的图纸和指示，导致工程延误或中断	造成拖期和打乱了计划 咨询工程师为克服此问题发出变更指令	按6.3 按51.2	6.4，14及44 52	不包括，仅计成本和延长工期应包括
12.2或第三版12	意外发生了不可预见的自然情况和人为障碍	造成拖期和打乱了原计划，为克服此问题，咨询工程师可能发出变更指令	12.2或第三版12	12.2(a)第三版12(a)	不包括，仅计成本和延长工期
13	法律上和实际上不可能	中途停止合同	按66	20，40，65及69	不包括

续表

合同条款	构成索赔的基础	索取补偿的权利	承包商给出通知	付款条件依据	是否包括预期利润
14	承包商索赔的时间参照系	咨询工程师有权代表业主监督承包商的工程进度，但无权改变其安全、准时和有计划地进行正常施工	不需要	44 及 53	不包括
17.1(c)或第三版17	根据咨询工程师或其代表提供的错误数据进行了放线	造成拖期和打乱了原计划 为克服此问题，咨询工程师可能发出变更指令	不需要按 51.2	5.2，17及 52 52	不包括，仅计成本和延长工期应包括
18	根据咨询工程师的指令钻孔或挖探坑	造成拖期和打乱了原计划 咨询工程师的书面要求应视作变更指令	不需要	18 及 52	应包括
20.3 和 20.4 或第三版 20.2	对业主风险引起的损坏、修理和恢复，应该由业主承担相应费用 业主风险在第三版中叫“意外风险”	造成拖期和打乱了原计划 咨询工程师要求修复已形成的损失并发出变更指令	不需要按 52	20.3，20.4 及 53 或第三版 20.2 及 52.5 52	不包括，仅计成本和延长工期应包括

续表

合同条款	构成索赔的基础	索取补偿的权利	承包商给出通知	付款条件依据	是否包括预期利润
26.2 或第三版 26.3	遵守法令或法规已支付的费用	咨询工程师证明承包商已专门支付了这些费用	不需要	26.1(b)或第三版 26.3	不包括，仅计成本
27	在现场发现化石、古币、有价值的物品或文物、建筑结构及具有地质或考古学价值的遗迹或物品	咨询工程师的代表指示保存此化石等，因而拖期和打乱了原计划	不需要	27	应包括
31.2 或第三版 31	按咨询工程师书面要求，承包商提供给其他承包商、业主的工人或有关机构当局使用道路、脚手架或设备或其他服务	造成拖期和打乱了原计划 按咨询工程师的书面要求提供了设备	不需要	31.2 及 52 或第三版 31 及 52	应包括
36.2 36.4 和 36.5 或第三版 36.2 和 36.4	要求的样品是合同中没有明确指明或规定提供的 要求的试验是合同中没有明确指明或规定进行的，且试验表明工程是完好合格的	造成拖期和打乱了原计划 提供了样品 完成了试验	不需要	36.2，36.4，36.5，52 或第三版 36.2，36.4，52	不包括，仅计成本和延长工期

续表

合同条款	构成索赔的基础	索取补偿的权利	承包商给出通知	付款条件依据	是否包括预期利润
38.2	咨询工程师指示承包商剥离或凿开工程的任何部分，但发现该部分施工符合合同规定(在依照第38.1款后)	造成拖期和打乱了原计划 做了剥离、凿开和修复完好的工作	按38.1	38.2	应包括
40.1	咨询工程师发出停工令，指示工程中止并由承包商对工程进行维护和安全看管	造成拖期和打乱了原计划，已进行维护和看管	按40.1	40.2或第三版40.1	不包括，仅计成本和延长工期
40.3或第三版40.2	按命令中止工程后，持续84天(第三版版规定为90天)或更长时间未允许再开工，致使工程被视为业主取消该部分工程，形成合同的部分删除	取消的工程使费率和价格不合理或不适用	按40.3或第三版40.2	51，52，66及69	应包括
41	只能在“合理可能的情况下”开工	出现“不合理”、“不可能”的情况时	按44	13及66	不包括

续表

合同条款	构成索赔的基础	索取补偿的权利	承包商给出通知	付款条件依据	是否包括预期利润
42.2 或第三版 42.1	业主因征地问题而未能将要求的现场提供承包商使用	造成拖期和打乱了原计划 咨询工程师可能命令变更，以解决此问题	按 42.1	41.2，52 或第三版 41.1,52	应包括
44	超出承包商控制的原因造成工期拖延，承包商可以获得合理延期	承包商至少可以索赔延期管理费，并以该款确认的新竣工日期代替第 43 款的原竣工日期	按 44.2	6，12，20，40，42，51 及 65	不包括
49.3	按要求进行了修理、修改、重建或校正等工作	造成这种修复工作的缺陷并非因承包商所负责的工程部分的失误。该工作按期完成	不需要	49.3 及 52	应包括
50	对缺陷进行调查	造成拖期和打乱了原计划 调查证明工缺陷并非因承包商的责任所造成	不需要	50	不包括，仅计成本

续表

合同条款	构成索赔的基础	索取补偿的权利	承包商给出通知	付款条件依据	是否包括预期利润
51	工程变更	造成拖期和打乱了原计划,同时工程数量增加、改变了工程的性质、质量要求和种类等	按 51.2	52	应包括
第三版 51.2	与第三版 1.2(3)合用,可以构成咨询工程师的书面指示	脚注和旁注并不影响对合同条款本身的解释	按 1.5 和 2.5	与第三版 1.2(3)合用	视具体情况定
52.1 和 52.2	按第 52.1 款要求额外付款 按第 52.2 款由于增减工程数量或性质致使工程中某项单价或价格变得不合理或不合适,而必须改变单价和价格	由于工程增减的数量和性质变化使工程拖期和打乱了计划,要求额外付款或改变单价或价格	按 52.2	52	应包括
52.3	按照整个工程接收证书,发现完成金额比接受标价信函中总额的增减数量(通常情况下为降低)超过±15%(第三版中规定为±10%),这个总额并不包括合同第 52.4 款、第 58 款和第 70 款所列费用	营业额的大量增减(±15%,按第三版为±10%),使原期望的收益减少	不需要	52.3	使总付款额能恢复承包商原收益(利润)水平

续表

合同条款	构成索赔的基础	索取补偿的权利	承包商给出通知	付款条件依据	是否包括预期利润
53 或第三版 52.5	规定了索赔的约束方法，是一个程序条款，但并不构成任何具体索赔的依据	索赔程序对索赔通知和证明均有时效限制，并要求做好当期记录，否则承包商的索赔权利将受到影响，甚至可能丧失	按 53.1，53.2 及 53.3	按 53.5 及 60	视具体情况定
59.4	第 53 款要求承包商对于“任何增加的付款”每月提出索款清单，其中应表明包括以下的总额(1)由指定分包商实施的工程，提供的合格材料和服务，(2)相关的劳务，(3)其他费用和利润	咨询工程师已命令或指示进行有关付款，包括劳务等	按 59.5	59.4	(1) 不包括 (2) 应包括 (3) 不包括
60	验工计价和材料预付款的支付 项目预付款和工程保留金的规定 工程实施的关键是资金周转	(1)咨询工程师必须在收到承包商验工计价报表后 28 天内予以批复并送交业主 (2) 工程保留金的发放日期 (3) 最终验收证书的发放和最后一次验工计价款的支付	需要	69	不包括，但计延误的利息损失

续表

合同条款	构成索赔的基础	索取补偿的权利	承包商给出通知	付款条件依据	是否包括预期利润
65	特殊风险引起的全部损失不应由承包商负担，而应由业主补偿承包商因此发生的额外费用	导致工程材料和承包商的其他财产损失 引起成本和造价的增加 合同的终止	不需要 按65.5或第三版65.4不需要	65.3或第三版65.2 65.5，65.8或第三版65.4	应包括 不包括，仅计成本 见65.8
66	合同中途受阻，解除双方合约	由于战争或者双方无法控制的其他情况，致使承包商(或业主)不能履行其合同义务	不需要（实际上理当予以通知）	12，13，20，40及65	见65.8
69	业主违约(详见第69.1款)	终止合同的雇佣关系	按69.1	69.3及65.8	见65.8
70.1	按合同特殊条件第70款有关劳务和材料或其他影响实施成本增加的情况，进行合同价格的调整	成本增加的情况已经发生	不需要	70.1和特殊条款	不包括，仅计成本

续表

合同条款	构成索赔的基础	索取补偿的权利	承包商给出通知	付款条件依据	是否包括预期利润
70.2	法规的变化导致承包商在工程实施中增加成本	法令、法规在投标截止期前28天(第三版定为30天)以后,已发生改变	不需要	70.2	不包括,仅计成本
71	强制执行的货币限制,影响到将要支付给承包商的合同价款的货币	货币限制导致承包商不可预见的损失	不需要	71	应补偿遭受的全部经济损失
补充条款	税收问题:国际金融组织资助的项目通常规定不能用其贷款支付当地税金	免税进口施工机械设备和永久工程所需材料,承包商为及时进口而已垫付的海关税和进口许可证等费用应得到业主的偿付	不需要	54.1, 54, 3, 53.4, 60;或第三版53.1, 53.2, 53.4, 53.5, 53.6,60	不包括

附表 2

业主可用于反索赔的条款

条款号	构成反索赔的基础	反索赔收款的权利	业主须否通知	收款的办法
第三版 1.2(3)	与 23.1 款合用，不仅限于第三者责任险，而是全部保险	角标和旁注与合同正文无关，并不影响对合同条款本身的解释	不需要	视具体情况定
11	承包商在投标前已对现场和周围环境进行了考察并对业主提供的资料做了研究	业主的责任开释	不需要	见 47.1
第三版 23.1	与 1.2(3)款合用，要求承包商投保可能使业主遭受损失的全部保险，而不仅只限于第三者责任险	业主为得到相应的保险，已自行办理了有关手续并支付必要的保险费	不需要	见 60 款，从拟支付承包商的任何款项中扣除此费用
25.3 或第三版 25	承包商未能提交表明按合同要求保险有效的证明	业主为得到要求的保险，已自行办理了有关手续并支付必要的保险费	不需要	(1) 从现在或将来付给承包商的任何款项中扣除此项费用； (2) 视为承包商的一项债务，予以收回

续表

条款号	构成反索赔的基础	反索赔收款的权利	业主须否通知	收款的办法
30.3	由于承包商未遵守和履行第30.1及30.2款中规定的责任，在运输施工机械设备或材料等时，致使通往现场的公路或桥梁损坏	咨询工程师已证明，其中一部分是承包商的失误造成而由业主代付了款项	不需要	从业主应支付承包商的任何款项中扣除
39.2	承包商未能履行咨询工程师的命令，移走或调换不合格的材料，或进行必要的返工	业主雇佣别人移走材料或重做工程，并付了款	不需要	按上述第25款一样处理
46	承包商的施工进度不符合竣工期限要求，必须采取相应步骤加快进度，并无权为此要求业主支付额外费用	承包商承担咨询工程师的延期监理费	不需要	从业主应支付承包商的任何款项中扣除
47.1	承包商未能在相应的时间内完成工程	产生了合同规定的拖期罚款	按46	见47.1
49.4	承包商未能完成咨询工程师要求的落实第49款的某些工作，咨询工程师认为，按合同规定，这是承包商应当用自己的费用去完成的	业主雇用其他人实施了这些工作并支付了费用	按49.2	见25

续表

条款号	构成反索赔的基础	反索赔收款的权利	业主须否通知	收款的办法
52.1 和 52.2	咨询工程师认为，按 52.1 工程数量发生变化，同时工程增减(通常情况下为增加)的性质和数量使得整个工程或工程中任何一部分的单价和价格变得不合理或不适用	咨询工程师变更相应单价	按 52.2(b)	调整合同中的价格
52.3	按完工证明，发现工程总增加量超过接受标价函件中总价的 ±15%(第三版为 ±10%)。这个总价并不包括合同第 52.4 款、第 58 款和第 70 款所列费用	工程量增加很多(±15%，第三版为 ±10%)，使承包商预期的收入发生较大幅度的变化	不需要	工程量增大，承办商并不增加任何的固定成本而在总款额中增加了超额收入(利润)，合同价应由双方讨论调整
55	工程数量单中的数量只是估算数量，不能作为承包商验工计价的实际工程数量	以现场的实际测量为准	不需要	见 56 及 60
59.5	承包商未能提供已向指定的分包商付款的合理证据	业主已直接付给指定的分包商	按 59.5	从业主应支付承包商的款项中扣除

续表

条款号	构成反索赔的基础	反索赔收款的权利	业主须否通知	收款的办法
63	承包商违约，导致业主终止合同并被驱出工地	工程施工维修费及拖延工期的损失赔偿及其他费用等总计超过了可付给承包商的总款项（按60.3）业主可拍卖承包商的施工设备等	按第63.2和63.3款的证明	作为承包商对于业主的债务，应予以偿还；将所有承包商的收款用于偿还债务：(1)从现在或将来应付承包商的任何款项中扣除此数，(2)作为承包商的债务收回
70.1	根据合同特殊条件第70款，按劳务和材料价格下降和其他影响工程成本价格的因素调整合同的价格	发生了成本降低	不需要	调整合同价格
70.2	法规的变化，导致承包商在工程实施中降低成本	法令、法规等在投标截止期前28天（第三版规定为30天）以后，已有改变	按第70.2款提出证明	调整合同价格
补充条款	贿赂构成承包商违约	合同使用项目所在国的现行法律	不需要	见63

价格调整和调价公式

FIDIC合同是一种标准合同条件，已被国际上广泛承认和采纳，由国际金融组织贷款实施的项目更是普遍要求强制使用FIDIC合同。

FIDIC合同实行工程监理制度，即业主聘请有丰富实践经验的咨询工程师，具体监督承包商的项目实施。咨询工程师作为业主与承包商的中间人，负责管理合同、控制费用、跟踪进度和组织协调，是相对独立的第三方，并以没有偏见的方式将合同有关条款套用到发生的具体事件上，监督合同双方认真履约。

在对外承包工程的实施和我国利用外资的项目中，许多引入了FIDIC合同的这种工程监理制度，实践证明确是一种行之有效的方法，在我国土木工程建筑业将努力与国际市场接轨的今天，已经逐渐被接受并且开始推广。以下探讨在咨询工程师监理条件下FIDIC合同中价格调整和调价公式的使用问题。

价格调整的原则

国际承包工程合约的宗旨是:承包商工作得到报酬,业主付款获得工程。为了比较合理地处理外部因素造成的费用变化,FIDIC 合同主张实行“量价分离”的方式,其中第 70 款(费用和法规的变更)的价格调整条款和调价公式,就是为了防止物价大幅度自然上涨,而可能导致承包商项目支出增加的一个有效措施。

土木工程施工 FIDIC 合同属于单价合同,其原则是不期望承包商在投标时就把不能预见到的费用如物价上涨等风险因素全部考虑进去,而是主张按照合同条款的规定,由业主随时补偿有关经济损失,从而避免承包商将全部风险预先折算成标价而包括到报价中,以便能够得到具有竞争性的报价,这也是业主的最大利益所在。如果发生物价浮动,业主将承担有关的实际费用,并按合同第 70 款(费用和法规的变更)对承包商追加支付这类意外费用的净值,这种方式可使得承包商免受物价风险的负面影响,对于业主降低工程造价也有好处。

合同周期较长的项目,随着时间的推移,工程必然受到物价浮动等多种外部因素的影响,其中主要是工费和材料费,当然还有施工设备费和运费等。对于工期在一年内的短期合同,业主通常不进行价格调整,而是采用固定价格,承包商需预测市场工费和材料费等的价格走势,将合理的风险保障金计入总报价;但是,对于工期超过一年的长期合同,为避免承包商在报价中打入过多的风险保障金而实际又未必发生,通常规定采用合理的价格调整方法,按权威机构定期公布的市场价格指数,对因物价浮动导致承包商遭受的损失,由业主向承包商给予调价补偿。

在 FIDIC 合同的条件下,履约中除正常的验工计价以外,承包商收入的三大支柱是:索赔、工程变更令和物价浮动的价格调整。除了根据合同第 53 款(索赔程序)进行合法索赔外,承包商主要有两种通过价格调整得到的额外收入,一种是由于设计图纸和工作内容的变更，致使工程量变化超出合同总价的±15%时，业主对价格的新增部分相应做出合理的价格调整，属于合同第51款/第52款（变更、增添和省略）涉及的工程变更令；另一种就是由于受涨价因素影响而进行的价格调整，即合同第70款（费用和法规的变更）的物价浮动时的价格调整。

尽管承包商可以进行合法索赔，但其成功并非一件易事，受到多种因素的干扰，而工程变更令和物价浮动的价格调整这两项收入的可能性相对大些，也比较实际。研究价格调整，对于承包商有效减少履约风险和增收创利都有非常重要的现实意义，必须引起足够重视。本文重点探讨发生物价浮动时的价格调整。

价格调整的方法一种是基于“价格指数”的调整，另一种是基于“基本价格”的调整。两种方法中，如果能够得到合适的价格指数，应该尽量采用前者，因为这样比较有利管理，并有一定的活动余地，可使得善于采购的承包商劳有所获。

由于项目情况各异，FIDIC合同第70款（费用和法规的变更）的一般条件中只是写明价格调整的通用原则，而所有关键性的具体规定则均在对应的特殊条件中另作说明。调价时的实际操作主要是参阅价格指数，通过调价公式的运算对合同价格进行调整，这样相当简单明了。思路是以某地、某时、某类人工、某种材料和其他费用的价格为基础，随着时间的推移，求出该地在结算时的某个一定金额的验工计价款中工费、材料费和其他费用现行价格与基本价格之比，再乘以该项工费、材料费和其他费用各占合同额的比例，以补偿承包商因物价上涨发生的损失。

调价公式中使用的价格指数，比如工费、沙石料、水泥、钢材、沥青和燃油等大宗建筑材料的分类价格指数等，应该在合同第70款（费用和法规的变更）的特殊条件中事先明确，包括发布价格指数的机构名称和资料来源，通常以签约一年时的价格指数作为调价基础。承包商雇佣外籍人员工资的价格指数，应为承包商原住国土木建筑工程技术人员费用的价格指数。材料、燃油及施工设备等的价格指数，应为材料和施工设备出口国通用的价格指数。

杂项费用的价格指数通常选用国际货币基金组织在《国际金融统计》资料中公布的相应国家的消费价格指数。若合同规定海运费也参与调价，则可以使用有关海运协会现行的价格指数，也可采用承包商委托的轮船公司之价格指数，业主可选择对其有利者。

对于非项目所在国货源的价格指数变化，承包商必须提供有关国家权威部门发行的载有物价指数的正式出版物，并经咨询工程师的书面认可。为了增加收入，承包商对进口材料和转口施工设备等一般应尽量采用欧洲、美国、日本或其他发达国家的有关指数，因为参照系选择得优劣将直接影响到调价的结果。

如果承包商未能在合同第 43 款（竣工时间）规定的竣工期限内完成工程并遭到第 47 款（误期损害赔偿费）的延期罚款，则实际竣工时间内的价格调整既可采用原定竣工日通行的价格指数，也可采用调价时的现行价格指数，将由业主选择对其有利者。但是，如果承包商的延期竣工属于合同第 44 款（竣工期限的延长）的正常延期，则业主仍应严格按合同第 70 款（费用和法规的变更）的规定对整个正常延期支付全部调价款，而不能任意偏离该条款制定的原则。当然，对属于合同第 40.1(b)款（暂时停工）和第 63.1(b)款（承包商违约）由于承包商原因造成的无理工程中断，业主可以拒绝进行调价。

业主在对承包商进行价格调整时，注重的是有关证据，即承包商要对采购的各种材料拿出实际支付的市价原始发票，在负责管理合同的咨询工程师与基本价格进行审核和比较后才能给予调价。官方的物价指数应来源于政府部门或有关国家正式认可的机构，如果所获某项材料或施工设备的价格指数不止一个，或者价格指数不是正式认可的机构公布的，那么，所选用的全部价格指数，应该征得咨询工程师的同意和批准。这些价格指数必须符合其用途，并与承包商计划的进口货源相符。因此，承包商应该注意随时收集各类价格指数资料等有关证据，妥善保存原始发票、账单和文件记录，以及咨询工程师可能要求的其他任何信息。

价格调整的公式

FIDIC合同第70款(费用和法规的变更)阐述了价格调整的方法,实际是按下述公式和程序,对合同第60款(证书与支付)规定的结算工程款分别就工费、材料费等影响工程造价的价格涨落因素进行合同价格的调整,从而解决由此造成的承包商施工成本增加的问题。

FIDIC合同第70.1(c)款(公式法调整)对调价公式的定义是:

"用有效价值乘以一个波动因子而计算得出。该因子应为本款(d)段给出的每一比率与下列分数的乘积之和。该分数为:

$$\frac{\text{现行指数}-\text{基本指数}}{\text{基本指数}}$$

采用有关指数进行计算……"

如果用广义上的数学通式,调价公式可以表述成

$$P = P_0 \times U_i$$

其中

$$U_i = m + \sum_{i=1}^{n} b_i \times M_i - 1$$

即

$$P = P_0(m + \sum_{i=1}^{n} b_i \times M_i - 1)$$

或者

$$P = P_0(m + \sum_{i=1}^{n} b_i \times \frac{M_{ci}}{M_{bi}} - 1)$$

其约束条件为

$$m + \sum_{i=1}^{n} b_i = 1$$

式中:

P——调价金额；

P_0——结算工程款，是合同中规定可参与调价的营业结算款，如验工计价金额、拖延付款的延期利息和追加工程款，甚至有时包括索赔款。但是，多数业主通常只允许对永久工程的验工计价做出调价，承包商应该在签约时就力争将点工和临时款项等收入也列到结算工程款的范畴，因为结算工程款对于调价结果有着直接影响，应在结算时尽可能凑大；

U_i——价格调整系数，是评定价格调整幅度的综合指标。此价格调整系数还可以根据合同第70.2款(后继法规)的规定，由咨询工程师与业主和承包商协商后，进行必要的修正或变更，以尽量反映物价浮动的实际情况；

m——固定系数，实际上是合同中不能参与调价的部分，如管理费、项目利润和某些固定价格等，甚至有时包括动员预付款，其值大小由咨询工程师确定。在FIDIC合同的调价公式中必须事先明确固定系数的数值，通常取值范围在0.15～0.35左右。固定系数对于调价的结果影响很大，它与调价金额成反比关系。固定系数相当微小的变化，隐含着在实际调价时很大的费用差距，承包商对此千万不可掉以轻心。因此，承包商在调价公式中采用的固定系数应尽可能偏小；

b_i——加权系数，是指调价公式中工费、材料费等允许调价的项目占合同总价的比例。从理论上讲，调价公式中选用的工费、材料等品种越细越多，则越能反映工程的实际情况。但在实际上，这样既增加了调价的工作量，有时个别价格指数也可能无法找到。一般国际惯例是只选择用量大、价格高且具有代表性的几种典型工费和材料，通常是大宗建筑材料如沙石料、水泥、钢材、沥青和燃油等，并用它们的价格指数变化综合代表所有工费、材料费等的价格变化，以便尽量与实际情况接近。加权系数在经过咨询工程师同意后，可以进行调整，由此可见咨询工程师的权力之大。加权系数与固定系数的关系是两者之和为100%，因此，承包商应该力争提高加权系数的比重；

M_i——现行价格指数与基本价格指数之比，即 M_{ci}/M_{bi}；

M_{ci}——现行价格指数，是指提交结算工程款进行调价时可获的有效价格指数或其前 28 天适用的价格指数。如果在计算的当时尚不能获得现行指数，则可采用能够得到的另一暂定价格指数进行替代。暂定价格指数就是指在未能得到正式发布的或替代的有关价格指数时，由咨询工程师确定的价格指数。在得到现行指数后，可对计算出的价格变化差额，再做相应的修正；

M_{bi}——基本价格指数，是指签约一年时的价格指数或投标截止日前 28 天的通用价格指数。

这个广义上的数学通式对于指导承包商的价格调整具有相当重要的意义，如果掌握运用得法，就能缓解合同单价与市场通胀之间的矛盾，甚至可以增收创利。调价公式不宜过于繁杂，原则上应该是一个线性公式。调价金额是物价上涨的正比函数，即物价上涨越多，调价越多。

在履约的过程中，当满足

$$\sum_{i=1}^{n} b_i \times M_i \geqslant (1 - m)$$

的条件时，表示综合价格指数发生上涨，施工成本增加，这时承包商就可以进行合同的价格调整。反之，如果综合物价指数下降，理论上承包商应向业主退还调价金额。因此，承包商在选择各项价格指数时应下一番功夫，尽量避免计算中出现负增长的被动情况。

世界银行在其贷款项目中，一般推荐价格调整系数按如下公式或类似公式求出：

$$\begin{aligned} C = X + a\frac{LS}{LS_0} + b\frac{CP}{CP_0} + c\frac{FU}{FU_0} + d\frac{BI}{BI_0} \\ + e\frac{CE}{CE_0} + f\frac{RS}{RS_0} + g\frac{CS}{CS_0} + h\frac{TI}{TI_0} \\ + i\frac{MT}{MT_0} + j\frac{MI}{MI_0} - 1 \end{aligned}$$

其约束条件为

$$X + a + b + c + \cdots + i + j = 1$$

式中：

C——价格调整系数；

X——固定系数，世界银行贷款的项目取值一般为0.15；

$a,b,c,\cdots,i,j$——加权系数，代表各项调价的成本因子，如人工(LS)、施工设备及维修保养(CP)、燃油料(FU)、沥青(BI)、水泥(CE)、预应力钢盘(RS)、建筑钢筋(CS)、木材(TI)、海上运输(MT)、杂项费用(MI)在咨询工程师预计的工程成本中所占比重。此加权系数应在标书文件中详细列出，并构成合同的组成部分；

$LS,CP,FU,\cdots,MT,MI$——承包商提交合同第60款(证书与支付)验工计价进行调价前28天上述成本因子的现行价格指数；

$LS_0,CP_0,FU_0,\cdots,MT_0,MI_0$——投标截止日前28天上述成本因子对应的基本价格指数。

价格调整的应用

目前，国际承包工程项目上实际使用的调价公式尚无统一规范和固定格式，尤其对于固定系数与加权系数的分配比重，并没有明显的规律可循。但是，所有调价公式的原则都是在前述广义的数学通式指导下，根据项目各自具有的特点，略作变易，只是万变不离其宗，因而FIDIC合同所列价格调整条款和调价公式仍不失为实用中最流行的一种。

承包商应该熟悉FIDIC合同的价格调整条款和调价公式，特别是在高通货膨胀和货币兑换率不稳定的国家和地区实施项目时，研究调价问题可以避免工程费用受到价格剧烈波动的影响。承包商要善于正确预测未来市场的变化趋势，力争商谈并签订趋利防弊的合同，在履约过程中，通过价格调整获取更多的收入。

值得一提的是，在通过把结算工程款乘以价格调整系数而得出调价金额以后，业主实际在把这些调价金额支付承包商时，还要根据合同第 60 款(支付证书)的规定,核查应支付承包商的实际金额,并扣除承包商的工程保留金、违约罚金、应返还的动员预付款、已进场的材料预付款及其他有关金额。

进行价格调整时,一般有外币和当地币两部分,但是使用的调价公式和处理原则基本相同。通常外币与当地币的调价共用同一公式,再根据合同第 72.2 款(货币比例)规定的外汇百分比进行分劈,从而确定应该支付承包人的外币与当地币的具体数额。如果应支付的货币不同于价格指数来源国的货币,则外币部分就应该换算成费用发生所在国的当地货币,可采用合同第 72.1 款(兑换率)中所规定的兑换率完成这一换算,通常是投标截止日前 28 天的项目所在国中央银行公布的官方卖价。

标书文件中通常给出合同辅助资料附表,以标明价格指数的来源及最新的正式基本物价指数,承包商应认真填报该表并给出自己对加权系数比重分配的建议值。业主仅限于对辅助资料附表中加权系数表所列的因素进行价格调整,且承包商随后提交的各类价格指数证明均应与标书文件来自同一出处,否则须经过咨询工程师的同意。如果因使用合同第 51 款/第 52 款(变更、增添和省略)导致该加权系数变得不合理或失去平衡,不再能够反映实际情况,则咨询工程师有权进行合理调整。

承包商报价前应对项目所在国的物价市场进行认真调查和分析,并研究有关立法规定可能产生的影响,对工程实施期间可能出现的情况做出全盘考虑和统筹安排,使调价结果至少与实际情况相符。根据价格指数的变化,承包商在履约时应及时调整生产计划,有意识地增加结算工程款并适时进行调价,从而增加收入。例如有的工程经分析后发现,雇员工资指数在每年第四季度时呈最高,若在此阶段抓紧增加工程量和结算款并进行调价,将增加创收。

有些业主在合同特殊条件中规定,只有当价格调整系数 U_i 大于 3%时才可进行价格调整,并且认为 U_i 的有效部分是在扣减 3%后的超出部分,而承包商应坚持不能扣减 3%的原基数。因此，承包商在商签合同时，对此必须明确，从而增加调价收入。

如果遇到业主对工期较长的项目在合同中删除第70款（费用和法规的变更）的价格调整或其他经济补偿条款，不对物价自然上涨等外部因素支付承包商调价款，则承包商应注意在合同谈判时修改这种苛刻条件，否则只得在合同的单价和价格中包括一笔应付这种价格涨落的意外费用。因为很显然，对于工期较长的项目，物价风险相当突出和敏感，这时承包商只得在报价中就预先列入风险保障金，将这些潜在损失在投标时就分摊到永久工程的单价中，以保护自身经济利益。

FIDIC合同第70.1款（公式法调整）调价公式中固定系数取值有呈逐渐缩小甚至取消的趋势，这将在两个方面产生积极作用，一方面可避免承包商在报价时列入过多的风险保障金，使其报价更为合理，有利于承包商之间的公平竞争，也有利于业主在同等条件下选择承包商；另一方面可使承包商在履约过程中全部按市场价格的变化得到调价补差款，有利于工程的顺利实施，更能客观反映项目的实际造价。

我国过去普遍的习惯做法是业主只提供图纸，承包商按图自行计算并得出工程数量以后，再套用各类相关定额。报价时承包商不必根据人工、材料和施工设备等的实际价格再做具体分析和计算有关单价，尤其不必事先对物价上涨因素做出过多考虑，因为分部分项工程的实物消耗量、单位估算表和各种取费系数等已在编制定额中事先算好，只要套用就是了。计划经济体制下的定额主要是为国家管理固定资产投资而服务，并不注重考虑承包商的具体情况及其经济效益。这种方式原则上属于固定总价合同，通常只适用于交钥匙项目，但与国际土木工程项目的运作惯例不同。

如果借助计算机的有关软件包，相当繁杂的价格调整工作就可在很短的时间内高效无误地完成。计算机可以帮助承包商进行各种人、财、物的管理，也是工程项目费用控制的发展方向，应该得到推广。

汇兑风险

国际市场上各种货币的变化莫测，承包商和业主都不愿承担货币价值浮动而可能带来的风险。因此，双方通常在签订合同时做出约定，把汇率事先锁定下来，从而达到共担风险的目的。汇率问题在 FIDIC 合同第 60 款和第 72 款里有规定，承包商对这些有关外汇支付的条款必须认真研究，力争能用公平合理的条件相互制约，避免日后发生争议，以平衡两者的利害关系。

对海外承包工程，效益受汇率风险因素的影响很大，而且项目越大，金额越大，其影响也就越大，千万不可掉以轻心。汇率每天都在上落之中，通常变化是渐进发生的，但也有出现突然波动的情形，而且可能朝着原判断的反方向变化，因此对项目的盈亏起着相当关键的作用，有时会带来意想不到的结果。尤其是在软货币的国家，如果支付货币选得不好，那么承包商赚的钱很可能在兑换过程中让浮动变化着的汇率给吃掉。例如,有时购买材料设备等的市场价格大幅下跌,而同时汇率亦朝着对承包商不利的方向滑动,这两个因素的重叠作用,足以对项目造成灾难性的后果。所以在决策拿项目时,一定要看业主是用什么货币支付,这种货币是硬货币还是软货币,是否方便换成其他国家的硬通货,并且受货币价值浮动的影响程度,以及相关货币间的汇率如何。承包商在涉及选择汇率和外汇比例时要特别小心,这两个因素对海外项目的盈亏起着相当重要的作用。

由于国际工程承包项目原则上是以固定汇率进行财务结算,因此,采用哪一天的汇率,会直接影响到整个项目的最终收入。通常在项目标书的《投标者须知》里会有明文规定:“汇率采用投标截止日之前 28 天项目所在国中央银行公布的官方卖价”(Official Selling Rate),这也是一般的国际惯例。请注意,这里是“卖价”,而不是“买价”,也不是“中间价”。该汇率一旦确定,将在整个合同有效期内(包括以后经业主同意的合理延期)保持不变。评标时,也是将所有投标人的标价按此汇率换算成业主所在国的当地货币或国际贸易通用的某种统一货币,进行总价及单价的相互比较,看谁的价格最低。另外,承包商在投标的过程中,应该把自己的外汇部分尽量加大一些,减少当地软货币的比例。当然具体要看是什么当地货币了。世界银行、亚洲开发银行等国际金融机构对其贷款项目,通常要求当地政府也出一部分配套资金,并且一般不少于 20%,而项目所在国政府想把当地币再全部兑成外汇支付给承包商应有一定难度,因此对世界银行、亚洲开发银行等国际金融机构贷款项目的外汇比例,原则上报价不应超过 80%。

在香港,虽然港币与美元是联系汇率,但也不能说绝对没有风险。例如,在 1997 年的亚洲金融风暴中,港币的联系汇率制度就受到了反复冲击和严重挑战。在英国,如果预测履约过程中市场上英镑的走势比美元还硬,那么让业主用英镑付款应该会更好。这就要求项目经理不单单是普通工程技术人员,还要懂一些金融、外汇和商务方面的知识,起码要掌握有关货币的软硬和走势。投标时,汇兑风险一定要考虑好。项目实施过程中,也要经常关注市场汇率的变动情况，及时加以防范并采取补救措施。

另外，在填报 B.Q. 单时，不单只涉及早收钱和多收钱的问题，还有一个当地货币的软硬问题，也需充分考虑和及时妥善处理。FIDIC 合同有时要求承包商在投标文件中呈交外汇需求估算分析，外币的种类可由投标人选择，但原则上币种不宜太多太乱，通常不能超过三种货币。其中要对报价里外币的使用内容做出分解说明，例如：

(1) 雇用外籍人员需用外币

(2) 项目需用进口材料，包括永久工程及临时工程

(3) 承包商进口的施工机械设备

(4) 境外运费和保险费、保险手续费

(5) 境外发生的管理费、各种杂费及项目利润等

综合汇总后，就是项目的需用外汇，并可据此得出一个外汇百分比。

一般来说，业主喜欢尽量使用当地货币支付承包商，因为这样业主可以不承担任何货币价格浮动的风险。如果当地货币是软货币，承包商要及早把它收回来，并尽快予以消化，比方说采购成施工中需用的实物等。承包商应争取并保证最终拿回的利润是美元，并适时采取各种回避货币风险的相关措施。

随着时间的推移，汇率的变动对项目影响很大，有时甚至可能涉及交叉汇率。例如，我参与实施的一个海外工程项目，合同金额为 21280 万当地币，签约时 1 美元 = 21.70 当地币，因此按合约规定，合同额折合 21280 万当地币 ÷ 21.70 当地币/美元 = 980.65 万美元。在工程实施一年半后，发生了意外的燃油危机，属于 FIDIC 合同第 12 款、第 20 款、第 40 款和第 65 款等的不可预见风险。经反复交涉，业主同意向承包商支付索赔金额 9300 万当地币，其中有 3600 万当地币是按合约规定的 35.1% 直接支付当地币，另有 64.9% 支付美元。余下的 5500 万当地币属于双方友好解决部分，按与中国政府换文的原则操作，全部支付人民币，也不存在外汇百分比的问题，但在支付的汇率折算上，由于涉及当地币/美元/人民

币交叉汇率的取值问题，双方对采用何时的汇率各持己见。因为签约时的相关汇率为：1 美元 = 21.70 当地币，1 美元 = 3.60 元人民币，而开工后形成索赔时的汇率分别变为：1 美元 = 32.40 当地币，1 美元 = 5.22 元人民币。

采用上述不同的汇率进行交叉盘计算，可有几种不同的结果。但对于承包商来讲：

(1) 最佳方案：

5500 万当地币 ÷ 21.70 当地币/美元 = 253.46 万美元

253.46 万美元 × 5.22 元人民币/美元 = 1323 万元人民币

(2) 次佳方案：

5500 万当地币 ÷ 21.70 当地币/美元 = 253.46 万美元

253.46 万美元 × 3.60 元人民币/美元 = 912 万元人民币

(3) 较差方案：

5500 万当地币 ÷ 32.40 当地币/美元 = 169.75 万美元

169.75 万美元 × 5.22 元人民币/美元 = 886.10 万元人民币

(4) 最差方案：

5500 万当地币 ÷ 32.40 当地币/美元 = 169.75 万美元

169.75 万美元 × 3.60 元人民币/美元 = 611 万元人民币

业主经办人员在开始时，一直坚持按同一天的美元/当地币及美元/人民币之汇率进行折算，也就是倾向第(2)或第(3)方案。但我们经过计算，做到事先心中有数，因此主动出击并致函，同时积极做好相关的说明及协调工作，而不是被动坐等业主来函。最后，终于争取到了按最佳方案进行操作，拿回 1323 万元人民币，比业主原拟采用的计算方法多出 411 万元人民币至 437 万元人民币不等，比最差方案多出 712 万元人民币。由此可见汇率对承包商创收之重要性。

优先次序条款

FIDIC合同各条款之间是彼此制约和互为说明的,但有时难免在个别地方出现歧义或含糊不清,甚至各条款之间可能发生相互抵触的情况。

遇到这种情况后,大凡缺乏经验的承包商普遍感到手足无措,结果处理不当,往往身陷困境。究其原因,主要是对于合同条款的优先次序不甚了解,这也正是造成自身被动的症结所在。以下探讨 FIDIC 合同中的优先次序条款(Priority Clause)及其实际应用。

尽管合同内容规定应该相当详细,但难免存在某些缺陷和考虑不周之处,或者出现理解不一致的地方。几乎所有条款都与成本、价格、支付、工期和责任等有着直接联系,必然影响到业主与承包商各自的权益,也容易使合同双方中的任何一方抓住对自己有利的条款而不计其余,各持己见,造成争执不下的局面。

合同文件各组成部分所包括的内容相当广

泛,理想的情况应该是项目的所有细节都在合同文件中明确加以说明并且毫无任何相互抵触之处。但是,实际情况不尽如此。往往是合同内容越复杂,越容易出现各种歧义并造成矛盾。例如合同中对于技术规范和验收标准的规定有时就可能比较杂乱,甚至还掺杂有项目所在国的某些条例和规定,这样可能造成工程实施期间矛盾频频出现。如果不了解处理歧义的方法,就会一味地坚持己见,从而形成误解甚至成见,对工程项目的顺利实施必将造成障碍。因此,在合同条款中必须对此做出详细规定,也就是制定当出现上述矛盾或资料短缺时,如何解释合同和处理歧义的程序。该程序的实质就是规定合同各条款的优先次序,以便有关各方按照优先性原则处理出现的矛盾,做到有章可循,获得必要的法律保障。

关于条款的优先次序,通常在 FIDIC 合同的一般条款第 5.2 款(合同文件的优先次序)中予以明确,或是在相应的特殊条款另作补充说明,通常依次分别为:

(1) 合同协议书;

(2) 中标通知书;

(3) 投标时的标书;

(4) 合同特殊条款;

(5) 合同一般条款;

(6) 技术规范;

(7) 图纸;

(8) 填报价格的工程数量 B.Q. 单;

(9) 构成合同组成部分的任何补充文件。

值得一提的是,如果是国际金融组织的项目,上述制约次序又必须全部在贷款指南的制约之下,这个大制约原则是不言而喻的,无需在合同条款中另作说明。

世界银行、亚洲开发银行、科威特基金会和沙特基金会等国际融资机构都不允许用其贷款支付当地税金,以确保投入资金充分用于有关项目,公司或个人所得税应由收益人自己交纳。有时业主在 FIDIC 合同标准文本的 72 条之后加列第 73 款，专谈当地税收和关税问题。

承包商要善于统揽全局，理出合同中含糊不清的地方，注意抓住主要矛盾，采取相应的对策，根据合同决定歧义条款的优先次序，及时予以澄清，占据有利地位，合理合法地向业主和咨询工程师进行交涉，自己掌握主动权。

如果从合同中实在无法找到条款优先次序的依据，但歧义现象又确实存在，则应该由咨询工程师负责做出有关决定，进行澄清、解释并发出有关指示，这属于合同第 13 款（应遵照合同工作）中赋予咨询工程师的权力，承包商必须严格遵守并且执行，否则只得付诸第 67 款（争端的解决）的仲裁。由此可见咨询工程师的权力之大，咨询工程师的这种指示应该遵循合同第 2.6 款（咨询工程师要行为公正）的原则。当然这种指示可能导致承包商费用的增加，这时咨询工程师就应该发出第 51.2 款（变更的指示）的变更令，补偿承包商因此导致的经济损失。

无论承包商是否要求做出解释，只要咨询工程师发现合同中有歧义现象，都有根据自己客观判断做出解释的义务。从理论上讲，如果承包商发现合同中存在歧义，应该立刻书面通知咨询工程师。如果承包商希冀利用含混的合同条款以取得额外的经济利益，明知歧义现象却对咨询工程师隐而不报，结果造成项目费用增加或工期延误，只要举证充分，则当最终被迫送交咨询工程师寻求合同第 13 款（应遵照合同工作）的解释和指示时，承包商无权为此索赔任何额外费用，甚至可能要承担因久拖不报对业主所造成的损失。因此，承包商在考虑项目经济效益的同时，对此应该掌握必要的尺度，尽管实际上在判断是否属于知而不报的判据时可能也很难取证。应该注意既坚持原则，又讲求适度灵活，寻求多种解决矛盾的方法，维护自己索赔的正当权益，达到公平合理的履约的目的。

在履约的过程中，有关方面应该注意及时交换意见，尽量将合同中出现的歧义现象和重复出现的问题分散加以处理，不宜将问题积累下来算总账，从而避免激化矛盾。

实例一：

某房建项目，系由世界银行贷款，合同在技术规范中写明承包商必须使用进口钢材并且承担全部费用，但是在合同特殊条款第73款（税收）中又规定由业主负责办理所有进口材料的免税手续并承担有关费用。承包商在进口施工用钢材时，根据合同特殊条款要求业主支付当地海关税，但业主认为进口钢材的工作属于承包商按照技术规范履约，应该承担相关费用。咨询工程师最后裁决由业主支付当地的海关税，因为项目是世界银行融资，而世界银行在贷款指南中明确规定不能使用其贷款支付当地的税金，这是最大的制约原则，合同一切条件必须服从这个大前提。另外，根据合同第5.2款（合同文件的优先次序），特殊条款制约着技术规范，而合同特殊条款规定得很明确，承包商与办理进口手续无关并不应承担有关税款，承包商所承担的全部费用应理解为只是运抵工地的购置费＋保险费＋运费，即人们常说的CIF Site费用。因此，业主只得交纳当地海关税，承包商利用合同文件的优先次序条款保护了自身的合法权益。

实例二：

某公路项目，承包商已经获得中标通知书，但业主由于受到邻国的政治和外交压力，在签订正式合同前突然变卦，改授给邻国政府指定的承包商。尽管这时原已获中标通知书的承包商施工设备和人员尚未抵达现场，但根据合同第5.2款（合同文件的优先次序），中标通知书在优先次序中排在第二，全部合同文件均须服从于该通知书。中标通知书具有法律效力，对业主和承包商均有约束力，这种约束是受到法律保护的。中标通知书的发出是一种有法律约束力的行为，它标志着招标工作已经全部结束，这时获得中标通知书的投标人将以承包商的身份出现，必须履约并开始转入施工准备阶段。可以说，发出中标通知书后，业主与承包商之间已构成了法律关系,双方必须开始履行合同。这时承包商一定要按照合同规定进行动员,伴之就是发生各类费用,否则就将面临业主可能采取的一系列制裁和惩罚行动,蒙受合同第 47 款(误期损害赔偿费)的延期罚款,甚至构成合同第 63 款(承包商违约)的承包商违约。已获中标通知书的承包商就此向业主索赔施工准备动员费,以求获得公正的解决,最终成功地拿回 200 万美元的经济赔偿。

实例三:

某房建项目,工程数量单中规定应使用白水泥实施洗手间的马赛克勾缝,但在技术规范中写明这项工作使用普通硅酸盐水泥。施工过程中,业主与承包商在使用何种水泥进行勾缝的问题上发生争执。业主认为使用白水泥勾缝满足美观要求,因此承包商应使用合同工程数量 B.Q. 单中的单价做这项工作;而承包商根据合同第 5.2 款(合同文件的优先次序),指明技术规范制约着工程数量 B.Q. 单中的描述,因此应该按照技术规范的要求施工,使用普通硅酸盐水泥是属于正常履约。最后咨询工程师裁决,承包商可以使用普通硅酸盐水泥实施马赛克的勾缝,如果业主执意使用白水泥勾缝,则咨询工程师就必须发出合同第 51.2 款(变更的指示)的变更令,给承包商追加费用。结果,业主为了节约开支,只得接受承包商使用普通硅酸盐水泥施工马赛克。

实例四:

某公路项目,设计施工图上标明 D 类房屋 5 栋,而工程数量单上标明 D 类房屋为 2 栋,根据合同第 5.2 款(合同文件的优先次序)规定,工程数量单制约着图纸,应该以工程数量单上的 2 栋为准。因此,咨询工程师只得按合同第 51.2 款(变更的指示)发出变更令,给承包商追加另外 3 栋的额外费用。

实例五：

某公路改建项目，由于咨询工程师在制作投标标书时的疏忽，合同工程数量B.Q.单中圬工挡墙基础的数字单价填的是2242卢比/立方米，而英文大写却是Say Rupees Twenty Two Thousand and Forty Two Only，即“计贰万贰仟零肆拾贰卢比整”，相差近10倍。该分项工程的数量为300m^3，按合同第72.1款（汇率）规定的兑换率1美元=21.70卢比折合差出273732.72美元。承包商指出合同在投标须知中明确规定，当数字与文字发生歧义时以文字大写为准，这样业主就要按22042美元的单价支付验工计价，增加相当可观的一笔付款金额。但咨询工程师在查阅了承包商投标时的投标书后，发现其中英文大写为Say Rupees Two Thousand Two Hundred and Forty Two Only，即“计贰仟贰佰肆拾贰卢比整”。根据合同第5.2款（合同文件的优先次序）的制约优先关系，应该以投标书原件为准，因此承包商的这一要求无济于事。不过咨询工程师为了掩饰自己的工作严重失误，防止事态扩大而影响其声誉，在承包商的压力下，不得不在其他方面被迫做出适当通融和让步。

实例六：

某输电线项目，工程数量B.Q.单与技术规范明显矛盾。工程数量B.Q.单中只是笼统地提到承包商应该对工程质量负责，而技术规范中则明确规定，考虑到混凝土的初凝时间和离析现象，混凝土从搅拌到浇筑完毕的延续时间必须控制在45分钟以内，否则要加缓凝剂，以延长混凝土的凝结时间。由于承包商在投标时没能认真研究标书的技术规范，预先考虑欠周全，而在施工中混凝土的实际运距较长，有些甚至达到50km以外，又是山区施工，现场气候炎热，结果从搅拌地点运到浇筑地点远超出规定时间。根据合同第5.2款（合同文件的优先次序），工程数量B.Q.单中的叙述服从于技术规范的规定，承包商只得经常添加缓凝剂，并增设中途搅拌工序，为此导致了额外费用。

责任开释条款

国际承包工程的合同中都列有责任开释条款，也有人称之为免责条款（Exculpatory Clause），有些合同中明确叫做 Disclaimer，以便出现问题时能够保护业主利益，避免承包商可能进行的索赔。所谓责任开释条款一般是指合同中对业主或咨询工程师有利的条款，目的是当发生特定事件或遇到不利的外界条件时，根据这种条款开脱业主或咨询工程师的过失及可能承担的责任，而将责任完全归咎于承包商没能采取预防措施，免除业主或咨询工程师为此而支付额外费用。

处理责任开释条款的正确原则应该是：确保这种条款的定义域不宜太宽和模棱两可，有关的措辞应该清楚明确，尽量详细具体，并且明确业主或咨询工程师与承包商各自的责任和义务，承包商尤其应该注意由此可能承担的潜在风险和自身的承受能力。

投标首封函

FIDIC 合同的特点之一，是承包商必须在投标首封函(Covering Letter)中确认"研究了……工程的施工合同条件、技术规范、图纸、工程数量 B.Q. 单……以后，……根据上述条件……按合同条件、技术规范、图纸、工程数量 B.Q. 单……要求，同意实施并完成上述工程及修补其任何缺陷"，这就是业主在发标时制定的一种责任开释条款，限定承包商投标的前提条件是充分考虑了各种施工条件和风险，其报价中已经包括了承担合同的一切义务所需费用，出现问题后无法再要求调整价格或增加付款，更无法推脱其责任，构成承包商的无条件投标，反映了买方市场的特点。

第 11 款(现场勘察) 该款是最典型的业主责任开释条款，其中规定承包商应对现场情况、业主提供的信息和他所掌握的一切资料负责，先决条件是认为承包商在投标之前，已对现场及周围环境做了认真考察，并对所有有关资料进行了检查，因此对影响工程进度和造价的所有条件了如指掌，而且这已经成为不言而喻的国际惯例。此外，除了合同条款中明确规定将予以补偿的额外费用，承包商在其报价中应该包括其他的不可预见费用。

实际上承包商全部做到这种要求可能有一定的难度，例如若投标截止期限规定得很短，投标者准备投标的时间就可能会很有限，外国承包商甚至不可能在报价前进行现场考察。如果只是为了拿项目而盲目签约，则开始施工后，就会发现许多意义问题，困难之多可能超出投标当初的预料，致使工程受阻并因此蒙受经济损失。

因此，如果承包商没有进行现场考察，就不宜参加项目的投标，否则就可能导致投标报价或履行合同的失败。承包商如果决定投标，就必须尽早着手进行有关的准备工作，认真组织现场考察，收集编标所需资料，若有必要甚至可能要做挖探坑和钻孔取样等地质考察工作，同时研究在投标前所获全部有关信息和数据，并将投标勘察费用打入标价的成本中。

一般情况下，当合同图纸和规范等所提供的信息与现场的实际不完全相符时，可能引起麻烦。除非合同中另有其他条款的明文规定，业主通常可以引用合同第 11 款（现场勘察），用承包商已经进行了现场考察作为借口来保护自己，避免支付承包商为此提出的额外索赔。

当然，如果业主与承包商在具体事件上确实就第 11 款（现场勘察）的有效性问题发生争执，并付诸合同第 67 款（争端的解决）的仲裁，则仲裁结果将是捉摸不定的，通常可能取决于该款与以下三个方面的关系：

1）是否免除了业主提供资料的准确程度所造成的影响；

2）是否在投标前给予承包商充足的时间进行现场考察；

3）是否有在合同中有其他明示条款规定，而根据这些条款业主应对现场条件的变化或条件的改变向承包商支付经济补偿。

第 55 款（工程数量） 该款也是对业主有利的责任开释条款，其中明确 B.Q. 单中开列的工程数量只是为了制定招标文件的目的，在图纸和规范的基础上估算出的工程数量。因此，业主只是对一个“估算数量”负责，B.Q. 单中的工程数量并不能作为承包商履约时应该完成的确切的实际工程量，而实施合同中所完成的实际工程量是要通过现场测量加以核实，再根据合同第 60 款（支付证书）的规定用验工计价的方式按工程进度付款。无论 B.Q. 单中工程数量估算得准确与否，单价均不做调整，也不能解除承包商履行合同的义务。

如果涉及到的工程数量和工作性质与原合同中所列的实在差异太大，甚至出现编制 B.Q. 单时就根本没有考虑到的工作，可以由咨询工程师按照合同第 51 款/第 52 款（变更、增添和省略）发出工程变更令，或者采用合同第 58 款（临时款项）中的点工加以解决，但承包商都不足以据此提出索赔要求，因而减小了业主在项目实施过程中的经济风险。

第 14.4 款（不解除承包商的义务或责任） 该款是典型的咨

询工程师责任开释条款,其中规定即便承包商呈交了进度计划、施工组织说明和资金周转估算,甚至已获咨询工程师的同意或批复,都不意味着可以因此而解除承包商的合同义务和责任。另外,合同第 8.2 款(现场作业和施工方法)、第 12.1 款(标书的完备性)、第 17.1 款(放线)、第 37.2 款(检查和检验)和第 39.1 款(不合格的工程材料或工程设备的拆运)等都是咨询工程师的责任开释条款,这些条款中常见"尽管咨询工程师批准……检查或检验……但并不解除合同规定的承包商的任何责任和义务"之类的字眼,以此防止承包商借口已获咨询工程师的批准而推卸自己的责任,导致向业主的意外经济索赔,使得一切最终责任落在承包商身上。

"不可抗力"条款

另一方面,有人认为 FIDIC 合同中也有一些对承包商有利的责任开释条款,最典型的就是合同第 13 款(应遵照合同工作)、第 20.4 款(业主的风险)、第 65.1 款(对特殊风险不承担责任)、第 65.2 款(特殊风险)和第 66 款(解除履约)等涉及"不可抗力"的条款。因为如果出现这些条款中列明的风险事件时,承包商并不承担任何责任,并有权就此获得业主的经济补偿和顺延工期,这从合同第 54.2 款(业主对损坏不负责任)中规定的前提条件是"除第 20 款和第 65 款所述情况以外",也可以得到反证。

由于负责管理合同的咨询工程师在使用合同条款时通常相当拘泥于字眼,特别注意字面上的解释,而且即便是在其确认相关的事实时,也经常在其信函中使用"不管业主与咨询工程师在合同中的权利和义务如何……"(Without prejudice to the rights/obligations of the Employer and the Engineer under the Contract…)这类字眼,因此责任开释条款可能导致承包商丧失正当索赔的权利和机会,甚至能够开脱业主或咨询工程师提供的错误信息而本应承担的责任(除非属于明显的误导和欺诈行为并且证据充足)。

承包商在签订合同时,对于责任开释条款应该特别谨慎,必须认真权衡这类条款与合同其他条款的相互关系及可能造成的负面影响，尽量回避不合理的业主或咨询工程师责任开释条款。签约时一定掌握业主与承包商的“风险共担”原则，并对潜在风险做出稳妥和明智的分析，减少承包商可能承担的不可预见风险，不要只为达到签订合同的目的而寄希望于不切实际的幻想。

实例一：

某输水隧道项目，合同 B.Q. 单中将围岩按施工难度划分，从易到难分成 A、B、C、D、E 和 F 六大类，对应的付款单价也随之递增。项目施工中，承包商提出追加额外费用的索赔，理由是业主在标书中提供的围岩类别与实际情况出入太大，业主则坚持根据合同第 11 款(现场勘察)，承包商在投标前已经进行了充分的现场考察，因而没有补偿承包商因此所受经济损失的义务。双方最后将争端提交国际仲裁，仲裁庭认为业主的说法不无道理，并根据对业主的责任开释条款，判定承包商现场考察后已对每一单价做出详尽分析，应该自己承担在报价时单价计算不准确的风险，其额外索赔无效。

实例二：

某公路改建项目，在施工合同 BQ 单中的涵洞工程时，承包商认为实际工程数量与 B.Q 单中所列的出入太大，超出了自己在投标时所想象的情况，并就此向业主提出索赔要求。但是，经过咨询工程师的现场核实，变化量并没超出合同第 52.3 款(变更超过 15%)规定的 ±15% 范围，同时合同第 55 款(工程数量)中也明确规定，B.Q. 单中开列的只是在图纸和规范基础上估算的工程数量，不能作为承包商履约时应该实际完成的确切工程数量，在实施合同中所完成的实际工程数量要以通过实地测量后核实的为准。咨询工程师认为承包商的索赔无效，但并不排除在继续施工的过程中，如果发生实际完工总数量超出根据合同 B.Q 单中工程数量计算出的合同金额之 ±15% 后，承包商可以根据合同第 51 款/第

52 款(变更、增添和省略)的规定,按照变更令的方式对出现的问题进行处理。这里所指的合同金额是不包括合同第 52.4 款(点工)、第 58 款(暂定金额)和第 70 款(费用和法规的变更)所列的费用。

实例三:

某公路项目,签约后,承包商无法在工程现场附近找到满足技术规范要求的施工料源和水源,施工中所需沙石料和水源严重缺乏。因此,承包商只得到极远的地方去拉这些大宗料,而且运距越来越长,加之路况极差,造成运输负担沉重,工期严重滞后,成本费用直线上升。承包商就此提出在投标时,业主没有在标书中将这种情况预先告知承包商。而业主则认为根据合同第 11 款(现场勘察)的规定,承包商已经认真进行了现场考察,对于施工所用的大宗材料的料源和水源应有充分考虑,拒绝任何经济索赔要求。在提交国际仲裁后,裁定同样是承包商投标的前提条件是充分考虑了各种施工条件和风险,其报价中应该包括承担合同一切义务所需的费用,承包商只能对其现场考察时工作失误的雇员提出起诉或采取经济制裁措施。因此,承包商索赔的努力失败,最终只得蒙受巨大的经济损失。

实例四:

某房建项目,进度计划已获得咨询工程师的书面批复,承包商拖延工期后认为要由咨询工程师承担相应的责任,否则当时就应该指出其呈交的进度计划不合理,并且不予批准。但是,咨询工程师引用合同第 14.4 款(不解除承包商的义务或责任)的规定,很容易地开脱了自己的责任。理由是该款中已经写明,承包商呈交了进度计划、施工组织说明和资金周转估算甚至已获咨询工程师的同意或批复,都不意味着可以因此而解除承包商的合同义务和责任,承包商拖延工期却借口其进度计划已获咨询工程师的批准,完全是为了推卸自己应该承担的责任,咨询工程师据此最终获胜。

实例五：

某公路改建项目，合同中规定咨询工程师应根据设计图纸向承包商尽可能准确地交桩，咨询工程师在现场进行交桩时，双方没有做出书面记录，但承包商当时遵照其口头指定的基桩进行施工后发生较大偏差。尽管交桩是由咨询工程师在现场进行的，并且也批复了承包商的复测数据，但造成这种缺陷的原因是由于承包商在现场复测时的失职，同时也没有证据可以肯定咨询工程师向承包商提供的基本资料不准确并可能招致修改。因为合同中提供的图纸是正确的，而其他说法又没有书面证据，所以只得根据合同第 17.1 款（放线）进行解释，咨询工程师对任何放线、基准或标高的检查均不能在任何方面解除承包商对项目精度应负的责任。另外合同中赋予咨询工程师变更工程的权利也必须明确写明是在第 51 款/第 52 款（变更、增添和省略）项下发出的变更令时。

不可抗力条款

国际承包工程是一项风险极大的事业，全球最大的225家承包商中，1/3是从事这项风险事业超过50年的老牌公司。这些在激烈竞争中能够生存下来的承包商，成功的秘诀就是在项目经营中，善于及时把握机遇，巧妙地避开或降低各种风险的影响，并有足够的胆识和能力去驾驭风险，而不是单纯地凭借什么交好运。以下探讨项目意外风险即“不可抗力”的一些问题。

“不可抗力”属于一个范围相当广泛的风险概念，是从法文 Force Majuere 演变来的，英文里有时也叫作 Acts of God，即“上帝之举”，泛指在签订合同后双方无法合理预见并加以防止的风险事件。“不可抗力”并非签约任何一方的过失或疏忽所造成，如战乱、敌对行为、自然灾害和恶劣气候等。国际承包工程这项经济技术活动潜伏着较大的风险，风险的出现对于承包商必将产生不同程度的影响，使其难以顺利履行合同义务，并直接决定着承包商的盈亏。

在许多国际承包工程的合同中都列有“不可抗力”条款，FIDIC合同也不例外，并且相对比较公正。尽管各种合同的表述方式不尽相同，含义是一致的，目的都是在发生超出签约双方控制的风险时，解除双方继续履约义务，避免因此造成的经济损失。“不可抗力”条款因国家和项目而异，签约双方在签订合同之前对此应有充分了解。

发生“不可抗力”后，一般认为由于其不可克服性，签约双方均无责任，各方均可根据“不可抗力”条款解除继续履约的合同义务，通常是各自承担自己的经济损失。但是，FIDIC合同的特点在于，它与一般合同中常见的“不可抗力”条款不同，明确规定在发生“不可抗力”后，应该由业主承担由此引发的任何损失，对承包商提供合理的经济补偿，并增加相应的费用。

国际承包工程中，何谓“不可抗力”，目前尚无统一的确切定义。在确定“不可抗力”的内容范围时，业主与承包商总是相互矛盾的。业主总想尽量缩小“不可抗力”的范围，从而减少为此可能发生的补偿支出；而承包商则总希望尽量扩大“不可抗力”的范围，以便在遇到“不可抗力”事件时，能够减少经济损失，增强自身抵御风险的能力。因此，应该尽量在合同条款中对“不可抗力”的具体内涵做出明确规定，尤其是承包商在签订合同时，要力争将“不可抗力”的范围定义得广些，以便在遇到这类“不可抗力”的风险时，可以根据合同条款开脱承包商全部或部分履行合同的义务。

通常国际承包工程合同很少考虑合同是建立在不可能执行条件下的情况，一旦发生有经验的承包商不可预见、超出控制的自然力和人为的严重意外事件，承包商有充分权利按照合同所列“不可抗力”条款进行索赔，咨询工程师在与业主和承包商充分协商后，进而确定补偿金额，由业主承担有关费用。

FIDIC合同在第13款（应遵照合同工作）中所述的“除非在法律上和实际上不可能”，就是指的发生“不可抗力”时的情形。该款是整个合同“不可抗力”条款的基石，也是承包商遇到无法履约的情况时，解除合同的护身符，根据这一条款合同中应采用标准形式定义“不可抗力”的具体内容。简单地说，“不可抗力”实际上有两类，一类是人为的，战争、骚乱、政变等造成的事件，即所谓“法律上(Legally)不可能”就属于这一类，如合同第 12.2 款(不利的外界障碍或条件)、第 60 款(验工证书与支付)等所列；另一类就是合同第 20.4 款(业主风险)(h)条中所说“一个有经验的承包商无法合理预测和防范的任何自然力(Force of Nature)的作用”，也就是“实际上(Physically)不可能”的情况。

FIDIC 合同中主要有第 20.4 款(业主风险)和第 65.2 款(特殊风险)谈到了“不可抗力”的具体定义，涉及自然和人为的超出双方控制的因素。“不可抗力”不一定非要像自然灾害那样具有灾难性，而关键在于是否超出了签约双方的控制能力之外。尽管名称各异，但两个条款都把“不可抗力”称为风险(Risks)，而且承包商不承担第 20.4 款的业主风险和第 65.2 款的特殊风险。当然，“不可抗力”并不仅限于合同第 20.4 款(业主风险)和第 65.2 款(特殊风险)中所述的两种风险。

合同第 20.4 款(业主风险)定义的风险通常是指战争、敌对行为、叛乱和混乱等完全超出业主和承包商双方控制的情形。1977 年第三版中第 20.2 款叫做“意外风险”(Excepted Risks)，过去有时人们也叫“可接受的风险”(Accepted Risks)，结果往往容易引起误解，认为这类风险从字面上理解应由承包商承担。1988 年第四版对此做了修订，合同第 20.4 款改称“业主风险”(Employer's Risks)，明确如遇这类风险时由业主承担经济损失，主要是由于 1977 年第三版中第 20.2 款“意外风险”的说法并非十分清楚，而且容易误解——因为有人可能争辩说自然力的所有风险都可以预见，不应算做“意外”，所以很难有一个检验的标准。

合同第 65.2 款(特殊风险)(Special Risks)定义的风险内容与合同第 20.4 款(业主风险)的基本相同，只是没有包括业主的占用、咨询工程师的设计问题和“自然力的作用”这三项内容，因此有人评价，FIDIC 合同第 20.4 款(业主风险)的内容与第 65.2 款(特殊风险)有些重叠。

合同第 20.4 款(业主风险)和第 65.2 款(特殊风险)所规定的"不可抗力"条款之重要意义就在于,如果出现的事件就确认为属于"不可抗力",项目实施陷于停顿或合同解除,这时不能看成是承包商违约,而应该根据 FIDIC 合同的原则,业主将承担可能发生的风险、损失和费用,并支付承包商因此蒙受的经济损失。因此,合同中将"不可抗力"的处理办法划归在合同第 69 款(业主违约)的项下,合同第 54.2 款(业主对损坏不负责任)也反证了业主将对"不可抗力"事件承担经济责任。

尽管上述有关条款对"不可抗力"做了定义,但要想找到可以确定"法律和实际上不可能"的客观标准是相当困难的,因为风险包括的内容甚广,无时不在,确实很难对"不可抗力"列出一个详尽的清单。

合同第 20.4 款(业主风险)之(h)条将"一个有经验的承包商无法合理预测和防范的任何自然力(Force of Nature)的作用"划归为"业主的风险",这是十分值得注意的。如果工程受到自然力的作用而出现任何负面情况,但承包商对此自然力又无法事先预测并防范,因为这种自然力的风险通常极不可能发生,届时承包商并不对这类风险事件造成的结果承担任何责任,并有权根据合同第 53 款(索赔程序)向业主进行索赔,包括工期和费用。当然,如果对于何种事件属于自然力造成的发生争端,则将完全取决于仲裁员的判断,而这种判断有时可能会取决于一些假设,并且难免带有一定的感情色彩,或是同情弱者。因此,在这里,实际上在文字解释和同情心之间的界线有时确实很难划清。

必须承认有些风险是不能避免的,同时又是不可预见的。因此,承包商要有充分的心理准备,承接项目实施时可能出现的大部分风险,这也是国际承包市场上承包商必须面对的现实。一旦发生风险,承包商应该按照合同条款的有关规定,通过不断的索赔挽回经济损失或采取相应措施加以弥补。

在签约后,合同一方认为发生的事件属于"不可抗力",则应该按照合同第1.5款(通知、同意、批准、证明和决定)和第53款(索赔的程序)的规定立即书面通知对方。承包商可以引用合同第12.2款(不利的外界障碍或条件)、第13款(应遵照合同工作)、第20.4款(业主风险)(1977年第三版为第20.2款)、第40款(暂时停工)、第44款(竣工期限的延长)、第53款(索赔程序)(1977年第三版为第52.5款)、第65.2款(特殊风险)(1977年第三版为第65.5款)、第66款(解除履约)(1977年第三版中叫做"合同中途受阻")和第69款(业主违约)等条款就风险事件向业主交涉,获取业主的经济补偿并顺延工期。

结合合同第13款(遵照合同工作)的原则,在合同第40款(暂时停工)、第66款(解除履约)和第69款(业主违约)中又规定,如果"不可抗力"的持续时间超过84天(1977年第三版为90天),使得合同不能继续执行,签约任何一方都有权中途停止合同,这时承包商仍享有获得已完工程付款的权利,即使工程可能已被"不可抗力"毁坏,同时业主应按合同第69款(业主违约)承担有关费用,支付承包商的经济损失。

值得一提的是,FIDIC合同第67款(争端的解决)的仲裁条款,是承包商遇到重大风险后保护自己的杀手锏,必须充分重视。承包商在签订合同前对这一条款必须认真研究,切不可为急于签约而草率行事。因为签约后一旦发生风险事件,而业主又拒绝承认属于合同中上述各款所列情况时,承包商要想摆脱重大风险,解除合同中原有的相互制约关系,最终只有求助仲裁。

国际承包工程都是以盈利为最终目的,大凡盈利项目,毫无风险的几乎没有。必须承认,风险与盈利是矛盾的对立统一,并且风险与利润成正比符合一般规律。因此,作为承包商就不能惧怕风险,只能尽量预先防范,在遇到"不可抗力"事件后,如果能够运用合同有关条款,采取有力措施将其缩减到最低限度,就可借助经济索赔化险为夷,甚至可能起死回生。在出现风险的同时又可能产生机遇,这就是所谓谋事在人。只要努力寻找回避风险的措施,掌握尺度,有时可能机遇大于风险。

在项目的履约过程中风险环生并不可怕,也是很正常的,伴随着“不可抗力”的出现,同时也给承包商创造了索赔的机遇,应该善于掌握运用好合同条款,抓住风险与盈利潜在并存的转折点,在错综复杂和变化多端的环境中,通过索赔使意外风险转化为经济效益,为项目的顺利实施铺平道路。

除根据合同进行正当索赔外,承包商还可以通过保险的方式,将部分风险转移给保险公司承担。虽然投保时要支付一定的保险手续费,但相对于风险损失而言却是个很小的数字。在风险事件发生后,可以从保险公司获得经济赔偿,从而减轻自身经济损失。承包商在投保的过程中,还会得到保险公司对于相关风险的免费咨询,并可在报价时就将保险费打入工程成本。通常承包商没保的险种主要有合同第 21 款(工程全险)、第 22 款(人身或财产损害)和第 23 款(第三者责任险)规定的工程全险、设备保险、施工人员人身事故险和第三者责任险,同时还可以进行医疗保险和车辆保险等,另外在动乱地区还可投保战争保险。

由于工程的时间跨度长,涉及面广,包含内容复杂,可变因素较多,尽管承包商在签约时不可能把各种可能发生的风险事件都预见到,但应该善于分析和评价各类风险,做出客观判断,防止涉足任何具有潜在致命风险的项目。如遇项目出现一般风险,应该及时采取措施控制风险损失。

当“不可抗力”造成工程进度拖延,则基于其不可预测、不可控制的原因,FIDIC 合同的条款认为不是承包商的责任,是可以原谅的,因为面对强大的自然力,承包商的一切努力都会无济于事,同时承包商还有权为此获得合同第 44 款(竣工期限的延长)规定的顺延工期,业主并应支付有关的额外费用。

鉴于国际承包工程是一项风险事业,各种意外不测事件难以完全避免,而 FIDIC 合同对于“不可抗力”也很难做出统一的和包罗万象的规定,实际工作中的索赔又相当困难,为应付项目实施过程中偶然发生的意外情况,承包商在编制成本控制计划时,通常还是根据实际情况,在每类费用和总成本中都要考虑适当留有余地,并在其报价中预留一笔适当比例的风险金，也叫作“不可预见费(Contingency)”，以防出现不测。在报价时，这种不可预见费通常是以系数的形式出现，即所谓的“不可预见系数”。该系数的取值可根据项目的具体情况、风险发生的可能性和危害程度以及对竞争对手的估计而综合决定，一般在合同总额的3%～5%左右(请注意，这里不包括物价上涨的因素)。另外，对于靠索赔赚钱的说法，必须要有十分清醒的认识，实际运作时谈何容易，应该特别注意务实。我所经手的项目，在具体索赔时相当困难，不可寄希望于不切实际的幻想。承包商必须脚踏实地，不能存有任何侥幸心理。

FIDIC合同中的“不可抗力”条款并非万能的，不要误认为任何意外事件都可以划到“不可抗力”的范畴之内，并且实际上有时也很难确定一个“不可抗力”的合理范围和统一标准。即使履约时发生的事件可能符合合同中关于“不可抗力”的有关规定，承包商却往往很难获得其全部经济损失的赔偿，最终也只能是减轻损失的结果。如果承包商无视这一客观现实，必然招致风险。例如货物滞港这类事件，完全是属于承包商可以合理预见到的，很难套到合同第12款(不利外界障碍或条件)的情况上去，这时如果想求助于“不可抗力”条款，将会无济于事。

因此，合同条款很重要。在合同中应该明确规定业主与承包商分担风险的范围和责任，争取签订合理的合同条款，对于减轻和转移风险至关重要。必须避免因承揽项目心切而盲目追求中标率的偏激思想，忽略合同的“不可抗力”条款，甚至做出让步，最终造成处于被动地位，承担本该由业主承担的风险。

承包商应从项目的选择时就开始随时进行风险分析，力争防范各种潜在的风险，并在国际工程承包的合同谈判时，尽量订立能够有效避免和转移风险的条款。在项目的实施过程中，应该密切注意风险征兆，做好风险损失的预测，捕捉有利时机，采取必要措施。出现风险事件后，要善于顺其规律进行引导，根据合同条款进行交涉，避免和减少风险的负面影响，在激烈的市场竞争中立于不败之地。

实例一：

某水库项目，承包商同意在6年内完工。但在开工后的第18个月，海湾战争爆发，工程无法继续实施，承包商只得卖掉全部设备并且撤出现场。

业主认为合同第44款（竣工期限的延长）授予咨询工程师延长工期的权力，承包商可以在战争结束后再继续顺延计算工期，因此不能按业主违约处理。双方各持己见，最后提交国际仲裁。

仲裁判定：尽管从理论上讲，合同第44款（竣工期限的延长）咨询工程师有权延长工期，似乎可在战争结束后延长，但这种权力只适用于正常的临时延期，并不适用于这种特殊和无限期的延期。实际上战争的爆发属于签约双方无法控制的情况，已经构成合同第13款（应遵照合同工作）、第20.4款（业主风险）、第65.2款（特殊风险）和第66款（解除履约）的“不可抗力”风险，阻碍了双方签订合同时的初衷，因此承包商应该在战争爆发之日解除履约义务，并按合同第69款（业主违约）处理。当阻碍履约的情况停止时，如果业主要求承包商就继续施工，属于“合同翻新”（Renonvation of a Dead Contract），双方应该另行签订新的合同，这时承包商可以与业主重新协商单价。

实例二：

某房建项目，使用的是FIDIC合同1977年第三版，合同第43款（竣工时间）规定，承包商应在12个月内完成72栋住宅。承包商在投标首封函中说明，其标价的条件是在施工时能够招募到足够的当地民工，但业主在签约时并没有同意这一条件。

项目开工后，当地民工外流和严重缺乏，远远满足不了正常施工的需要，而这又并非双方中任何一方的过失。结果，承包商实际上用了22个月才施工完毕，比原合同工期拖后10个月，造成严重的经济损失。承包商认为当地出现的劳力短缺属于“不可抗力”，并且构成合同第13款（应遵照合同工作）和第66款（合同中途受阻),就此提出索赔,要求业主按照“验量付款”(Quantum Meruit)的据实报销方式赔偿其实际经济损失。但遭业主拒绝,认为根据合同第 8.1 款(承包商的一般责任),承包商应该负责解决当地劳动力的问题。双方各持己见,争执不下,最终按照合同第 67 款(争端的解决)付诸国际仲裁。

仲裁判定:由于签约时业主的反对,承包商投标首封函中的条件并没有写入合同,因此承包商的索赔要求没有合同依据。另外,劳动力问题只是加大了施工组织的难度,使得工程不能完全按照原计划进行,但并没有构成合同第 13 款(应遵照合同工作)和第 66 款(合同中途受阻)的情形,因此,承包商不能依据“不可抗力”条款和“不可能”(Impossibility)的说法提出索赔。

保险条款与理赔

FIDIC合同1988年第四版中，从第20款到第25款主要涉及有关工程保险问题，均有十分明确和严格的要求。以下结合实例讨论这些条款。

第20款　工程的照管

承包商自开工之日就有照管工程的责任，直至业主发出最终验收证书时止。所有的国际工程承包合同都强制要求承包商进行各种保险，例如工程全险、第三者责任险、人身事故险、货物运输险和车辆保险等。这种强制保险主要是为了保障业主本身的利益，但对于承包商也有积极作用，因为承包商可将保险费用列入成本并从验工计价中拿回，当发生意外时却将部分风险损失转移给保险公司承担。

承包商在编制成本控制计划和确定向保险公司的投保范围时，应该充分意识到风险损失的预防与成本控制紧密相关,并对各类费用及总成本计划都适当留有余地,以应付可能遇到的风险和意外情况。

在风险事件发生后,承包商要注意及时向保险公司报损并组织核查,根据各种保险单的协议条款办理索赔。例如,某承包商在海外承建的一个输电线项目,货物在运输过程中发生了意外破损,公司及时拍照并向保险公司交涉,根据货物运输险的有关规定安排现场调查,很快索回保险赔偿。

该款主要说明并划分了施工期内业主与承包商对工程修复的义务及费用,规定了在工程可能受到损害时各自应负的责任。承包商要负责纠正由任何原因造成的损失或缺欠的费用,并达到原合同规定的要求,但属于第 20.4 款"业主风险"因素除外。

如果发生第 20.4 款"业主的风险"引起损害,在接到咨询工程师的书面要求时,承包商有义务进行修补,但是有关费用应由业主支付,这类风险将由业主承担经济损失。

第 21 款　工程全险和承包商的设备保险

所谓"工程全险",是一种综合性保险,该款的目的在于通过保险而妥善处置工程风险。某些业主风险也可进行投保,尤其是设计或自然力导致的损害。如果要对一个项目进行全保险,从理论上说业主应自费对同一个项目取得第二张保险单,以对其自身风险进行保险,而承包商不必为此承担费用。不能投保的范围和内容通常是那些被保险公司认为有高发率或难以避免的风险。

必须注意的是,"工程全险"并非像字面上那样意味着囊括了工程的全部风险,它是有许多限制的。具体的保险范围和内容因项目所在国的不同而各异,变化多端,需在投保时与保险公司协商决定。

以前承包商只需对其自身所为进行投保,现在发展到进而要对业主的部分风险进行投保,如咨询工程师的设计失误和不可抗力等,而有关的保险费仍要由承包商承担。承包商在投标前必须认真理解合同要求，算标时对此应有充分估计，并将有关的风险和费用列入报价中。

通常合同中规定避免对一个项目同时开出两张工程全险的保险单，而要求承包商提交一份保险单，该保险单中必须写明业主和承包商是联名受益人。该款规定这种保险不仅包括施工期内的一切已完工程、在建工程和永久工程之材料设备等，还应包括施工机械和其他物品，并且必须对保修期投保。当然，有些情况下并非绝对如此。例如，合同第 49 和第 50 款规定的承包商在保修期内应对工程缺陷负责，因此这时承包商只需对有义务修复的工程缺陷部分进行保险，而业主在这方面没有可保权益，所以保修期的保险单可以仅用承包商单方的名义进行投保。

承包商应在“工程全险”项下以发生损失后的全部重置成本对施工材料、永久工程之设备等也进行保险，投保金额可小于项目的全部造价，但必须足以弥补能够预料到的最严重损失之费用。

第 22 款和第 23 款　人身或财产损害/第三者责任险

如果在施工过程中造成对第三者的人身或财产损害，承包商应该支付可能遭受的有关索赔，并使业主不受任何赔偿或诉讼等缠绕。

第三者责任险是指在合同执行期间，对可能发生在现场周围任何人员（包括业主及其雇佣人员、过路行人等）的人身与财产所造成的损害赔偿的保险。第三者责任险的保险最低金额在标书附件中都有具体规定，当然，如果承包商认为有必要，可把该金额加大一些。现场在较偏僻的地方时，第三者责任险的保险费率较低，如果在车辆行人较多的繁华区，费率则较高，具体的保险费率由保险公司报价决定。承包商可以按照合同条件的规定，把第三者责任险与“工程全险”合并在一起办理投保。

第三者责任险的事故损失虽然是由投保人的责任造成，但投保人不能轻易向受损方作出承诺、约定、付款或赔偿，而应该及时通知保险公司去处理,否则,保险公司将不承担投保人所承诺的任何责任。第三者责任险的保险单应保证承包商能在任何一年内不限次数地进行索赔。

第 24 款　人员的事故或伤亡

承包商必须对业主和自己雇员的伤亡负责并予以保险,应该落实所有的分包商也为其雇员做出有效投保。人员的事故保险及赔偿金额等通常由当地有关法律条文规定,承包商应考虑能否满足合同条款的规定。

在进行人员的意外保险时,还可以同时附加事故致伤的医疗保险,这主要是指抢救和治疗工伤,而平常的疾病医疗不属于该保险的赔偿范围。

承包商应对事故高发率的运输车辆进行车辆保险,以维护自身利益。例如,某承包商在某国实施的一个公路项目,发生恶性车祸事故,造成当地人员伤亡。事发后承包商注意保护事故现场,获取交通警察的书面证明资料,并且通知保险公司办理补偿,结果索赔的保险金在处理完对外赔偿后尚有余额。

第 25 款　保险证据和条款

该款规定了对合同各种保险的总体要求和承包商在办理保险时应注意的事项。

业主有权要求承包商出示保险证据,以落实承包商确实办理了合同规定的全部保险。承包商提供的保险证据可以是保险单本身或者是保险费的付款凭证。但是万一发生风险,业主并不能自己直接从保险公司领取保险赔款。

如果承包商没有投保并不能在规定的开工之日起 84 天内呈交保险单,则业主有权拒绝发放工程预付款及验工计价,甚至认为构成合同第 63.1 款的承包商违约。同时业主可以自己进行合同规定的有关保险，并从对承包商的应付工程款中扣除垫付的保险费。

除满足了合同中强制保险的要求外，承包商还可利用投保转移部分可预见的风险。承包商应根据项目特点及风险分析进行判断，要善于对不测事件编制应变计划，提前列入项目保险单的投保范围，从而减轻可能的损失，尽可能地使“意料之外”变为“意料之中”。

虽然投保时要交付一定的保险手续费，但这相对项目风险损失而言却是个很小的数字，使承包商在从事工程承包这一风险事业时有一定的经济保障，而且承包商还可以在报价时就将保险费用列入成本。根据经验，国际承包工程的保险费率一般不超过合同金额的0.8%，具体数额需视具体情况而定，通常可与保险公司进行协商。承包商如果对于风险抱有侥幸心理，不愿过多考虑投保各类保险，则会因小失大。承包商应该研究标书及合同条件，在自己的责任和义务范围内进行保险。同时，有些保险还可以根据情况要求分包商去投保。

在选择保险公司时，要特别注意其赔偿资金的能力和国际信誉，并认真对待保险条款及有关细节。为确实获得有效保险，应认真听取保险专家的意见。我国对外经济技术合作公司应该力争采取各种方式，优先向中国人民保险公司投保，为国家增加外汇收入，并且便于及时处理事故的赔偿等问题。某中国承包商在某国实施的一个公路项目，就是经由所在国的一家保险公司名义对外投保，而实际全部转由中国人民保险公司承保，当地这家保险公司只是充当中国人民保险公司的前方代理，仅由中国人民保险公司按双方协议向其支付一定的佣金。

值得注意的是，尽管承包商对工程进行了各种保险，有时保险公司不可能赔偿其全部经济损失。由于施工周期较长，遇到的各种情况往往相当复杂。因此，承包商仍要经常注意潜在的风险征兆，采取各种有力措施，防止事故和灾害的发生，并阻止损失的继续扩大。

争端的解决

国际承包工程在项目实施过程中，由于签约双方在经济利益上的冲突，肯定会形成分歧，甚至难免出现争端，其原因相当复杂。有关方面对此要有预先考虑，采取诚恳和求实的态度合理加以解决。合同中应该列有解决争端的专门条款，其主要目的，一是减少发生争端的次数并降低其对项目顺利实施的影响，二是规定能够可靠和简捷地解决实在无法避免的争端之程序。以下讨论 FIDIC 合同 1988 年第四版中解决争端的有关条款。

FIDIC 合同第 67 款（争端的解决）通常被称为仲裁条款，但实际上该款涉及的内容远超出了简单的仲裁内容，它既提供了双方解决争端的途径，也包括了以提交仲裁为最终解决争端办法的具体规定。

解决合同中争端的过程通常分成四个步骤：记录争端、准仲裁决定、友好解决和正式仲裁。在这四个步骤中，FIDIC 合同处理争端的基本精神是鼓励矛盾双方尽量避免以法律手段解决出现的争端，主张优先遵从友好解决的原则，相互协商处理问题；除非双方矛盾相当尖锐，实在无法达成一致意见，通过协商根本无法解决争端，才进一步付诸正式的法律行为，但一般并不诉诸当地法院，而是按照合同第67.3款（仲裁）的规定提交国际仲裁，仲裁判决的意见即为最终裁决。

争端的记录

争端的前奏通常是承包商的索赔与业主的反索赔，如果一直持续得不到妥善解决，双方经济矛盾的尖锐化最终就形成了合同中的争端。因此有人说，“争端”就是签约一方对另一方索赔要求的抗争和拒绝。

值得一提的是，争端的记录与索赔的记录并非一回事，尤其是承包商不要误认为已经按合同第53.1款（索赔通知）和第53.2款（当期记录）提交的索赔记录就是争端记录，并可以据此直接要求咨询工程师按合同第67.1款（咨询工程师的决定）做出其书面准仲裁决定。

当业主与承包商的意见不同时，首先是异议一方根据合同第67.1款（咨询工程师的决定）向咨询工程师提供书面记录争端。争端的记录必须一事一记，其中还应明确争端的具体内容，并要求咨询工程师就此做出书面准仲裁决定。

当咨询工程师或仲裁员进行争端的裁决时，惟一的依据是事实和有关书面证据。在证据的天平上，谁提供的证据比重大，谁就握有主动权。承包商必须能够提供充足的书面依据，证明确实蒙受了经济损失，不能把提供证据和书面往来认为是一种负担。

无论业主或承包商，对于争端都必须做出书面记录，这一点尤应引起承包商的特别注意。书面记录能够提供充足的证据，有时一个争端事件可能要有多个文件的证明作为事实支持，以便咨询工程师或仲裁员进行评估时使用得令人满意。即便是专家，所能做的也只是对证据的解释工作，并不能创造证据，因为在审理中听取专家意见时，当事人均应有机会在场作证，甚至就有关事实诘问出庭专家。

在做好争端记录的同时，明智的承包商通常还在日常工作中书面记录下他对咨询工程师管理合同时所发指示的不同意见和理由，使之成为日后交涉或付诸仲裁的依据。

准仲裁决定

在记录争端后，首先必须寻求合同第 67.1 款(咨询工程师的决定)规定的咨询工程师之书面准仲裁决定，这种准仲裁不具终局性。FIDIC 合同的特点之一就是任命咨询工程师作为现场的准仲裁员，负责公正地对待业主和承包商，不能偏袒其中任何一方。

咨询工程师在评估争端的准仲裁决定过程中，一切都应只为项目本身着想，尽量将争端双方撮合在一起。咨询工程师通常是在听取其法律顾问的建议后，对有关争端做出准仲裁决定。一般地，咨询工程师都力图回避就具有法律性质的敏感争端做出决定。

如果业主或承包商有一方或双方对于咨询工程师所作的准仲裁决定不能接受，并且在合同第 67.2 款(友好解决)规定的期限内没能达成友好解决，可以按照合同第 67.1 款(咨询工程师的决定)在 70 天内提交仲裁通知书(这比 1977 年第三版中的 90 天短)，使用合同第 67.3 款(仲裁)进行国际仲裁，这时咨询工程师的准仲裁决定就不是最终决定，对双方也没有约束力，而他们都将遵从最终仲裁判决，不再受咨询工程师此前所作解释或决定的约束。但在最终裁决之前，咨询工程师一直是准仲裁员即最高裁判人，双方必须先执行其指示。因此，承包商应该以合同条款和事实依据为交涉基础，始终采取摆事实讲道理的态度，以理服人，同时注意做好咨询工程师的工作，争取其同情和理解，使争端的解决朝着对自己有利的方向发展。

咨询工程师在最终仲裁时将被传为证人，向仲裁员提供与争端有关的事实和证据。根据合同第 67.3 款(仲裁)的规定,仲裁员"有全权解释、复查和修改咨询工程师对争端所作的任何决定、意见、指示、判处、证书或估价",并且可以代替咨询工程师对争端中的具体情况发出各项指示。一旦咨询工程师的"准仲裁员"身份被剥夺,则他将对其过去管理合同时所有的错误决定和指示负责。

友好解决

谨慎的国际承包商普遍认为,解决合同中争端最有效的途径往往是采取非对抗性的方法,双方通过谈判互做妥协,达到一致意见后友好解决。这比提交国际仲裁,花上漫长时间,支付大量费用给仲裁员和律师而最终又得不到圆满解决要强得多,毕竟诉诸国际仲裁对于业主和承包商双方来说,都不是一件愉快的事情。

FIDIC 合同 1988 年第四版与 1977 年第三版的主要区别之处,就是在 1988 年第四版中加列了合同第 67.2 款(友好解决),特别强调友好解决争端,主张矛盾双方通过进一步直接磋商,留有妥协的余地,非正式地交换意见,获得妥善解决才是公平和互利的,而避免正式仲裁时的对抗态度,力争谈判协商解决争端可以加快解决争端的速度,防止影响项目的工程进展。协商通常是解决问题的最经济、最简捷的方法,以不属于法律行为。

合同第 67.2 款(友好解决)实质上是留给业主和承包商的一个友好解决争端的程序,同时也规定了一个时间限制,以便使得协商解决争端不会无限期地拖延。不管在 56 天内能否做出争取友好解决的努力,此后争端双方均可提出仲裁。在矛盾激化而形成任何争端之前,能够力争尽早达成友好解决是有益处的。当然在需要时,可以邀请咨询工程师从中帮助,进行协调。

考虑到正式仲裁到头来很可能只是折衷处理出现的矛盾,各打五十大板,为了防止两败俱伤,有时业主与承包商可能参考咨询工程师的准仲裁决定彼此妥协,互做让步,经过协商达到一致意见,友好解决争端。这实际上比继续提交最终仲裁要好得多,既节省了解决争端的费用和时间,又维系了业主与承包商之间的友好关系。

大部分承包商尤其偏爱友好解决,因为出于保护业主利益的目的,为防止项目拖期并造成进一步的索赔,避免恶性循环,合同第 67.1 款(咨询工程师的决定)中规定,在进行国际仲裁诉讼而尚未得到最终仲裁判决期间,“在任何情况下,承包商都要继续精心进行工程施工,而且承包商和业主应该立即执行咨询工程师做出的每项决定”,这时承包商将处于相当不利的地位。

如果签约双方的矛盾实在难以调和,根本无法通过友好方式协商解决争端,则只有提交正式仲裁。但是,由于仲裁是一个复杂和漫长的法律过程,未知的影响因素较多,而且仲裁员的选定至关重要,又是一次性的,同时需要花费较高的费用,如果真正走到这一步,则业主和承包商双方都要冒很大的风险。

国际仲裁

尽管通过谈判以友好的方式解决争端不失为一种理想的办法,应该予以提倡,但如果不能奏效,也只得求助于国际仲裁这种可运作和相对公正的解决方法。仲裁是一种常见的解决合同争端的法律程序,其裁决是最终的,并且具有约束力,签约双方必须执行。

国际仲裁的特点在于它既有法律手段解决争端的严肃性,又有相对较大的灵活性。通过诉诸仲裁解决争端属于遵法守约的正当行为,是将守约和维护合同权利置于法律的保护之下。因此,与法院判决的司法程序相比,仲裁方式更适合解决国际合同中的争端。国际仲裁的费用原则上由败诉一方负担,有时也可能规定不管仲裁结果如何,由仲裁庭参酌案件情况,指定由哪一方负担,或由仲裁双方合理分摊。如果仲裁庭没有做出明确说明,则仲裁费用将由双方自理。对此,应该注意在合同的仲裁条款中事先予以明确。

有时进行国际仲裁确实是必要的，尤其在承包商交涉重大争端和巨额索赔时，不失为一种相当有效的威慑手段。仲裁是一种法律制约程序，争端双方将矛盾提交一个或多个中立方，寻求分析和裁决。但是如果合同的条款模糊不清，则仲裁的结果就可能完全难以预测甚至捉摸不定。

有一种说法，令争端双方都感到不很满意的仲裁结果才是成功的仲裁；还有人说仲裁就是一种赌博，只能听天由命看运气。这些看法都不无道理，所以承包商通常并不贸然采用仲裁方式解决争端。实际上，一旦提交至国际仲裁，则对于矛盾双方来说，谁也不能说对胜诉有十分把握，都是前景未卜，取胜的机会均应是各占一半。

如果合同双方中任何一方根据合同第 67 款(争端的解决)之程序对咨询工程师的准仲裁决定表示反对并且仲裁胜诉，则这种决定也就没有约束力了。受损方也可在仲裁胜诉后依法对咨询工程师起诉，他有责任为自己的失误赔偿受损方的经济损失。

有些人认为既然仲裁才是最终解决争端的办法，没有必要再进行什么商谈，是在浪费时间，因而跳越记录争端、准仲裁决定和友好解决就直接提交国际仲裁，这样做是行不通的。因为即便付诸仲裁，也必须按照合同规定的程序依次进行，不能采取跨越行动，至少要在获得咨询工程师的书面准仲裁决定后才能提交国际仲裁。

对于争端的仲裁，我国对外经济技术合作公司应尽量在仲裁条款中写明在中国境内解决，按照中国国际经济贸易仲裁委员会的仲裁规则和程序进行，理由是办理比较方便，并且中国的仲裁也是公正和有国际信誉的，尤其是外资在华项目如世界银行的贷款项目等更应如此。

当然，海外项目的业主通常要求在项目所在国解决争端，进行仲裁，而承包商为维护自己的合法权益，通常提出在第三国以其他国际仲裁机构和规则替代的建议。国际仲裁惯例通常使用较公正的、国际通用的联合国贸易法委员会的 UNCITRAL 仲裁规则，也有使用国际商会的调解和仲裁规则(Rules of Conciliation and Arbitration of the International Chamber of Commerce)。

UNCITRAL 仲裁规则

UNCITRAL 仲裁规则是联合国贸易法委员会仲裁规则(Arbitration Rules of the United Nations Commission on International Trade Law)。联合国安理会在 1976 年 12 月曾经通过决议,推荐"在解决国际贸易关系过程中的争端时,特别当涉及经济合同的时候",应该尽量使用这一仲裁规则。

使用 UNCITRAL 仲裁规则的前提是合同中必须明确规定,当签约双方发生争端后将采用此规则进行仲裁,而且如果这一规则任何条款与适用于仲裁而为签约各方所不能背离的法律规定相抵触时,该规则应具有优先性。因此,承包商在 FIDIC 合同第 67 款(争端的解决)中对此应该明确,因为该仲裁规则的条款是比较公正的。对于仲裁庭自行调查收集证据以及专家鉴定报告也应明确。例如仲裁庭取证时,当事人应该到庭,但不到场并不影响证据效力,仲裁庭应给予当事人就仲裁庭获取的证据发表意见的机会,并准许专家证人到庭陈述。

仲裁程序的开始应该从被告方收到仲裁通知书之日起计算,在仲裁的全过程中,仲裁庭应该确保给予当事人陈述其主张的充分机会,并须平等对待各方当事人。

仲裁庭是由仲裁员所组成,仲裁员都是在各有关领域内具有相当资历和具有专门知识及经验的人士,通常可以划分为律师与专业工程师两大类。预期中的仲裁员在参与仲裁前不能知道项目的任何情况,并且必须就此做出书面宣誓,确认自己清白并与案件毫无关系,这是作为仲裁员的道德规范。要求仲裁的双方可以从世界各地选择合格的仲裁员。因此,如果承包商了解某仲裁员的立场是亲承包商的并拟请作项目的仲裁员,则千万不可与其联系甚至谈及任何牵涉项目案情的只言片语。

仲裁员的人数是仲裁时的焦点问题之一，通常有指派1名仲裁员或组成3人仲裁庭两种。有时也可能发生当事人自己指定的仲裁员，在了解案情后，最终却做出对自己不利裁决的情况，因为任何仲裁员都要公正行事。因此必须特别注意，从概念上将仲裁员与辩护律师截然分开。

如果当事人事先未约定仲裁员人数(即1名或3名)，并在被告方收到仲裁通知书后15天内当事人仍没能就指定惟一仲裁员达成协议，则应指定3名仲裁员组成仲裁庭。如果拟指定3名仲裁员，当事人每一方应指定1名仲裁员。指定的该2名仲裁员应推选第3名仲裁员，担任仲裁庭的首席仲裁员。如果在指定第2名仲裁员后30天内，两名仲裁员均未能就推选首席仲裁员达成协议，则应由指定机构按规则中的有关规定指定首席仲裁员。这里值得一提的是，第三位首席仲裁员并不是仲裁长，没有否决权，只是起到一个奇数作用，防止出现一比一的仲裁结局，因为仲裁决定的原则是仲裁员在人数上的少数服从多数。

通常对于仲裁地点没有特定限制，不一定必须在项目实施的所在国，仲裁时选择的地点只要仲裁双方认为可以接受并且方便即可，原则是该地不能对争端双方人员及仲裁员进出境有任何限制。如果当事人双方就仲裁地点发生争执，应由仲裁庭考虑根据仲裁的情况来决定，通常选在一个中立地点，仲裁决定应该在仲裁地点作成。

在作成仲裁决定以前，如果当事人对争端同意和解，仲裁庭应立即发出命令，终止仲裁过程，或根据合同的条件规定以仲裁决定的形式记载此项和解，形成友好解决争端的结局，这实际上又回到了FIDIC合同第67.2款(友好解决)的初衷。

实例一：

某水坝项目，承包商在汇总以往提出过的索赔共11项后，致函咨询工程师并随函附上这11项索赔的详细清单，信中要求“咨询工程师就此提出有关意见和评估”。

咨询工程师在复函中，对承包商的索赔要求做出了评估，同时结论是“不能考虑并接受这种索赔要求”，但并没有使用“决定”这一字眼。其后，承包商致函业主确认收悉来函，并且要求“在我方根据合同第67.3款（仲裁）正式发出通知书之前能够举行一次会议”。但是，在此函发出后的70天（1977年第三版为90天），承包商并未呈交仲裁通知书。

业主认为咨询工程师的复函就是合同第67.1款（咨询工程师的决定）的准仲裁决定，承包商没在规定的时间内提出异议，应视同接受，因而丧失了进一步提交仲裁的权利，不能再将索赔提交仲裁。

由于承包商并没引用合同第67款（争端的解决）正式记录争端，其对咨询工程师的发函只能认为属于正常书面交往的范畴，同样咨询工程师的复函也不能算作是书面准仲裁决定，因为其中并没明确是做出合同第67款（争端的解决）的准仲裁决定，而且字面上也无“决定”二字。因此，结论是业主不能耍赖，承包商仍有权按合同第67款第11条索赔要求从头记录争端、寻求咨询工程师准仲裁决定，仍然可以根据合同第67.3款（仲裁）对汇总函中的各条索赔进行仲裁。

实例二：

某公路改建项目，系世界银行贷款，合同额为981万美元，工期24个月。工程在实施过程中，由于项目所在国与邻国在贸易协定问题上发生争执，邻国因而关闭边境，造成项目燃油危机长达11个月，影响施工，形成争端。所签合同第67款（争端的解决）中指定采用的是联合国国际贸易UNCITRAL仲裁规则。发生争端后，起初咨询工程师的书面准仲裁决定是按线性回归的纯数学模式，根据承包商燃油危机前的验工计价总额及有关曲线，向业主推荐支付承包商175万美元索赔款。但是，承包商不接受这一准仲裁决定，并进而提出付诸国际仲裁，同时请好国际名律师准备出庭。

业主在接到承包商按合同第 67.3 款(仲裁)递交的仲裁通知书,感到威胁很大,开始惧怕仲裁败诉,提出希望按合同第 67.2 款(友好解决)与承包商协商解决争端。

在按合同进行仲裁准备的同时,承包商也配合加强外交活动,通过借助外交途径友好解决,最后与业主达到协议,共拿回 429 万美元燃油危机索赔款,并顺延工期 35 个月。利用仲裁条款这一法律武器,承包商最后比咨询工程师的推荐额外多拿回 254 万美元,由此可见仲裁条款的重要性。

实例三:

某房建项目,系荷兰政府融资的经援项目,在发生不可预见事件后,承包商立刻向咨询工程师书面记录争端,并抄送业主。业主在收到争端记录的抄件后,明确向承包商表示,希望通过协商友好解决出现的问题,而不想看到出现法律解决争端的结局,并避免使用合同第 67.3 款(仲裁)进行仲裁。承包商抓住机遇及时与业主协商,出示了索取赔偿数额最高的证据,最终双方友好解决,业主支付承包商经济损失补偿,索赔金额占合同总金额的 29%,并且同意顺延工期。

FIDIC 合同第 67 款(争端的解决)的仲裁条款是承包商遇到重大风险后,保护自己的杀手锏,是合同中相当重要的条款之一,必须引起充分重视。承包商在签订合同前对该条款值得认真研究,尽可能防范引起争端的潜在因素,不能接受不利的仲裁条款和机构。切不可因急于签约而草率行事,甚至做出原则让步。因为一旦签约,合同就将制约相互关系和各自的行为,这时承包商只有履约的义务,几乎无法否认已签法律文件,要想摆脱困境并解除合同,最终只有求助于仲裁。

在下定决心引用合同第 67 款(争端的解决)的程序,并且最终求助诉诸国际仲裁的方式解决争端之前,应该充分向仲裁机构了解有关的程序、费用、持续时间、推荐的仲裁员名单等情况。如果承包商不熟悉仲裁程序和有关法律,为了改善自己在国际仲裁中的法律地位,最有效的办法是聘请有能力并熟悉业务的律师或法律顾问,以便能够做出客观和主动的分析,迈出坚实的一步。

由于国际承包工程的情况千变万化,应该注意做到具体情况具体分析,及时客观决策,才能应付自如。另外,承包商还要充分考虑项目所在国的各种法律和条例,甚至涉及技术方面的规定,对于仲裁结果可能产生的影响。

国际仲裁

国际承包项目的合同往往涉及很大金额，金钱和时间是引发签约双方争端的两大因素，有时很难就索赔要求勉强做出和解并势必形成争端，而仲裁是按照合同解决争端的最终办法，也是一种颇佳的处理纠纷手段，应该学会善加运用。FIDIC 合同第 67 款全部都是有关仲裁的。

FIDIC 合同 1988 年第四版修订版与 1977 年第三版的一大差别就是仲裁条件不一样：1988 年版的仲裁条款强调友好解决，而 1977 年版则强调仲裁要有很明确的时限概念。如果项目在实施过程中发生争端并需付诸仲裁，后者就对承包商相当有利。尽管 1988 年版的 FIDIC 合同第 67.2 款在谈仲裁时是出于很好的理念和期望，但真正操作起来可能仍然比较困难，尤其对承包商而言更是如此。1977 年版很简单，争端的双方中任何一方给咨询工程师发出仲裁通知书，90 天内他必须给出一个仲裁判断，这叫准仲裁（Quasi-arbitration），在 FIDIC 合同第 67 款里的正式用词叫做“咨询工程师的书面决定”（Notice of the Engineer's decision）。如果有一方对此不满，马上就可以提出打国际仲裁。而 1988 年版，是双方中任何一方在发出准仲裁通知书之后 84 天，尽管对咨询工程师的书面决定不满意，也不能直接打国际仲裁，而是异议方还必须再给对方发函，表示希望通过友好协商解决问题，并且要至少再等 56 天。如果真正要打仲裁，一定是大家已就经济摩擦协商了很长时间，索赔商谈观点各异，但进展又相当艰难，矛盾激化至无法再通过友好协商解决的程度了。作为承包商，如果还要等 140 天或更长的时间才能解决问题，而这 140 天对承包商来说构成很大风险，会造成不小的经济负担。因为按照 FIDIC 合同第 67 款的规定，仲裁期间承包商也不能停工，如果停工视为承包商违约，就要按第 63 款进行处理，这对承包商相当不利。第 67.3 款最后一段是这样说的：在工程竣工之前或之后均可诉诸仲裁，但在工程进行过程中，业主、咨询工程师及承包商各自的义务不得以仲裁正在进行为由而加以改变。

因此，我认为 1977 年版对承包商更实际些，而 1988 年版在文字和修辞上下的功夫比较多，应该方便初次接触 FIDIC 合同的人学习之用。另一个原因，就是有些负责编制标书的咨询工程师受到惯力的作用，已经习惯和熟悉了 1977 年版的条款，编写文件时就自然采用 1977 年版。可以说，使用 1977 年版从客观上对承包商并非坏事。

仲裁是一种解决争端的非法庭民事方式，实践证明不失为处理国际商业纠纷的有效办法。它并不需要复杂的司法程序，较民事诉讼来得简单，同时又具有保密性质及法律效力，比私下了断要好，有可以强制执行的特点。国际仲裁的特点在于它既有依法解决争端的严肃性，又有相对较大的灵活性。因此，与法院判决的司法程序相比，法律诉讼程序即复杂又费时，而仲裁方式更适合解决国际商业合同中的争端，并且这种办法便于操作，机制良好，公平有效，比冗长的法庭诉讼要迅速得多。国际仲裁时发生的费用由仲裁庭决定，通常是作为裁决的一部分，原则上由败诉方负担，实际操作时并不是100％的费用，通常胜诉方可以得到三分之二至四分之三的费用补偿，有时也可能由仲裁双方合理分摊。但若仲裁结果是双方各有胜点，而并非一方绝对胜诉，则情况就不同了。如果仲裁庭没有明确说明，一般仲裁费用是由双方自理的。

由于败诉方将支付法律费用，因此被告通常会考虑做出非歧视性报价（Without Prejudice Offer/Sealed Bids），确定一个他们认为仲裁会被判支付的金额水平。这样做的目的是当对方未能成功判得高于该报价的金额时，他可以提请仲裁员从报价日开始就不应承担胜诉方的费用，并将索偿从该日起发生的费用。简单地说，就是想使对方承担费用风险。应注意若争议提交仲裁后，业主的法律顾问很可能在某个阶段，建议业主作出这种报价，使得承包商承担这种费用风险。

有些承包商不愿就索赔问题向业主或咨询工程师采取过激行动，这是完全可以理解的。但不过激并不意味着就不去以适当的方式积极争取，保护自我。在海外常听到的一种说法就是：不Agressive，并非不Positive，这是承包商在索赔交涉时应该掌握的尺度。当遇到咨询工程师的决定明显带有偏见，而承包商又有充分理由予以反驳时，就要有心理准备把争端提交仲裁——恐怕这也只能是惟一的最终解决办法。

经常见到一些承包商由于欠缺深入认识和相关经验，不敢或不愿轻易引据仲裁条款解决问题。但是，如果承包商受到了咨询工程师或业主的不公对待甚至欺侮，对咨询工程师的决定不满意，异议积少成多，或与业主的矛盾发展到相当尖锐的程度，而且当通过协商解决这些问题的期望彻底破灭后，原则上应该无所畏惧地把争端提交仲裁。一旦提交仲裁，承包商就有可能依据过去的书面记录，把累积起来的对咨询工程师以往决定的不满全部综合起求，要求一并重审甚至修改。实践也反复证明，尤其是重大索赔的实现必须要通过仲裁。对于一些性质复杂和工期较长的项目，仲裁条款及FIDIC合同第5.1(b)款中的适用法律就更显重要。

仲裁条款是一项法律性很强的条款，一定要注意避免笼统不清、模棱两可、无法操作、前后矛盾或欠缺完整的情形。例如，若发生争端，“应提交中国仲裁机构或法院解决”，“应提交中国的仲裁机构进行仲裁”，“应在北京仲裁，如一方对该裁决不服，可到瑞典斯德哥尔摩商会仲裁院仲裁，裁决是终局的”，这些说法都存有严重缺陷。另外，有时还应联络并咨询合同适用法律所在国的律师，搞清当地法律与普通法之间的异同和对自己下步决策的利弊。真正走到仲裁的地步，就不是说合同是在项目所在国签订的，业主仍可无所顾忌和随心所欲了，这时经济争端就转化成法律纠纷。仲裁通常是在争端双方国籍以外的第三国进行。业主在离开其项目所在地的国度后，影响力会明显降低，这时也只好俯首听从仲裁员的摆布了。

不过仲裁很伤大家的和气，同时必须准备面对压力，包括银行保函被业主没收等多种风险，还要支付昂贵的仲裁费和律师费等，通常结果往往对承包商也不利。我本人参与过国际仲裁的过程，但最后争端还是友好解决了，可以说是一种“双赢”的结局，尤其是东方人的普遍观点仍是请求协调商议处理难题。因为一旦走出FIDIC合同的条款限制，上升到仲裁阶段，就不再是单纯的工程技术及合约问题了，已经转变为法律或政治问题，仲裁员的想法和看法对争端双方都是一个很大的未知数。承包商使用FIDIC合同进行各种交涉，包括仲裁的最终目的是经济效益，绝不是想去争个谁是谁非，也就是人们常说的在商“只求财，不斗气”。真正打起仲裁来风险是很大的，双方胜诉的可能性都只各占50%。

有些承包商喜欢搞极端，认为既然仲裁才是最终解决争端的办法，所以没有必要再进行什么商谈，应该一步到位打仲裁，希望跳越记录争端、准仲裁决定和FIDIC合同1988年版新增的友好解决就直接提交国际仲裁。这样做实际上是行不通的。因为就算付诸仲裁，也要按照FIDIC合同第67款规定的程序依次进行，不能采取跨越行动。即便采用FIDIC合同的1977年版，也是至少要在获得咨询工程师准仲裁的书面决定后才可以提交国际仲裁。

承包商如果决定采取仲裁的方式解决争端，尤其是对于重大索赔，当矛盾双方对事件的态度有着很大分歧时，就要抓紧进行相关的准备工作，力争速战速决。因为如果时间拖得过长，必将助长业主和咨询工程师的傲慢态度，而对方连续不断地拒绝承包商的合理要求，却无需付出任何代价，或是无休止的争论又形不成任何积极的结果。

应该注意及早准备并编制仲裁过程中可能用到并要出示的相关文件。对于一些敏感性的文件，要特别分类并注明“用于仲裁”(In Contemplation of Arbitration)或“内部文件”，尤其是可能对自己不利的内容要特别小心。因为在仲裁过程中双方要公开各自全部的有关文件，甚至包括计算机软盘、录音带、录像带等，如果出现于已不利的证据，就会造成极大被动。这种做法可方便在仲裁前把一些内部文件尽快分门别类，事先做出取舍，并防止出现漏洞，使得下步仲裁朝着有利于自己的方向发展。在真正进行仲裁时，过往的所有相关文件不得销毁或做任何处理，并且都要译成英文。这方面有相当严格的管制措施。

其实，解决争端可以有多种方法，单是抛硬币这一种方法就足以使得纠纷获得解决。不过这种做法无非只是给争端以一个结果，而不会给这个结果以任何理性的说明，缺乏一个圆满的“说法”。提交仲裁的特点就在于人们相信仲裁员应比硬币更加富有理性，仲裁庭要对所做的裁决给出一个令人信服的论证，而这个论证无疑就需要事实的支持。

仲裁员根据现有的实证(Substantiation/Verification)对事实进行认定，再得出法律上的结论。裁决的内容，不仅包括有关合同的法律解释，更多的倒是说明为什么要作如此解释及其事实依据。合同为什么要这样规定？仲裁员对这种规定的法律意义如何解释？为什么要这样解释？当事人提供的证据哪些被采用、哪些被排除？为什么不予采用或不予排除？当事人的争端症结何在？仲裁员如何看待这些争议？仲裁员所依据的合同条款是什么？有无说服力？等等。仲裁员要在裁决书中尽可能详尽地说明理由，对发生争端的重大问题做出正当的合同解释，并赋予这种解释以有力的法理论证。实际情况是，任何一个仲裁判决的结果都不可能使当事人双方都完全满意，它必然要使一方当事人比较失望或大失所望，但同时也给出了令当事人心甘情愿地接受这一结果的理由。而谁能提供尽可能多的令人心悦诚服的证据，谁就掌握了争取仲裁员同情的主动权。

我听到过一种说法，就是争端双方都不满意的仲裁决定才是高水平的；也有人讲仲裁时只能听天由命看运气。我认为这些都有一定的道理。所以有时业主和承包商考虑到正式仲裁的结果可能也不过是各打五十大板，为了防止两败俱伤，双方就可能参考咨询工程师的准仲裁决定，最终冷静而客观地面对所发生的事件，彼此妥协，互做让步，经过协商达成一致意见，最后大家通过友好方式解决争端。这实际上比提交最终仲裁要好得多，既节省了费用和时间，又维护了业主与承包商之间的合作关系。

通常对仲裁地点没有特定限制，不一定必须在项目实施的所在国，仲裁时选择的地点只要仲裁双方认为可以接受，并且出入境方便就行，但要慎防有人利用国外仲裁设置“陷阱”。如果当事人双方就仲裁地点发生争执，就要由仲裁庭考虑根据仲裁的情况做出决定，通常选在一个中立地点，当然双方就要为此支付数量可观的差旅食宿费等。仲裁决定应该在仲裁地点做成。

对于争端的国际仲裁，中国承包公司应尽量事先在仲裁条款中写明在中国境内解决，力争按照中国国际经济贸易仲裁委员会的仲裁规则和程序进行，理由是办理比较方便，并且中国的商业仲裁也是公正和有国际信誉的，尤其是外资在华项目如世界银行、亚洲开发银行的贷款项目等更应如此。在华仲裁时的费用比法院一审费用高些，但比两审费用总和低些，而且仲裁裁决是终局的。当然，海外项目的业主也会要求在项目所在国解决争端并就地进行仲裁，这时承包商为维护自己的合法权益，通常提出在第三国使用国际仲裁机构和规则。国际仲裁常见的有较公正的、国际通用的联合国贸易法委员会的 UNCITRAL 仲裁规则，还有国际商会（International Chamber of Commerce)的调解和仲裁规则。

如果大家对有关的国际仲裁规则有兴趣,可向以下地址查询:

Secretariat of the Commission
International Trade Branch
Office of Legal Affairs
United Nations
Vienna International Centre
P.O.Box 500
A-1400 Vienna
Austria
Tel: +43-121-345 4060
Fax: +43-121-345 5813

仲裁庭是由仲裁员组成的,仲裁员通常可以分为资深律师和所涉行业的专业工程师两大类,以具有丰富经验和专业知识为前提条件。承包商在决定仲裁之前,一定要认真分析自己下步运作的优势,是在法律方面还是在技术方面,从而确认侧重的突破点,并据此选定仲裁员的种类。在涉及复杂技术问题的仲裁中,仲裁员会获取独立专家的意见来支持其观点,在这类仲裁时通常要使用专家,为缩短听审时间,争端双方均需准备并交换书面的技术意见。如有必要,还要召开专家会议,判定争端的技术优劣,此后交换意见和结果,专家将在听审时接受反复盘问。

仲裁员在仲裁前是不能知道项目的任何情况的,还必须在仲裁时就此做出书面宣誓,确认本人对案情一无所知,表明具有公正和独立性,这种回避制度是作为仲裁员必须具备的职业道德,同时也是为了确保参与仲裁的相关人员从一开始就不带任何偏见,能够做到无私裁定。如果日后一旦发现并证实当初存在谎报情形,就要永久取消这类仲裁员的资格,彻底砸他的饭碗。因此,如果承包商了解某个仲裁员以往的立场是亲承包商的,并且准备请作自己项目的仲裁员,就千万不要找他联系,更不能与他谈到与项目案情有关的任何事情。

仲裁员的人数是仲裁时的焦点问题之一，通常有指派一名仲裁员或组成三人仲裁庭两种。如果当事人事先未约定仲裁人数（即一名或三名），并且在被告收到仲裁通知书后十五天内当事人仍未能就仅指定一名仲裁员达成协议的话，则应指定三名仲裁员。如果决定组成三人仲裁庭，当事人每一方应指定一名仲裁员。指定的两个仲裁员再推选第三名仲裁员作为首席仲裁员（通常是具有国际声望的专家），并由此组成三人仲裁庭。当出现在指定了第二名仲裁员后 30 天内双方仍没能就第三名首席仲裁员达成一致，则应由权威机构指定。

这里值得一提的是，三人仲裁庭里被两名仲裁员推选的第三位首席仲裁员并不是仲裁长，他是没有否决权的，只起到了一个奇数作用，为的是防止出现一比一的仲裁结局，因为仲裁的原则是仲裁员在人数上的少数服从多数。大家有必要搞清的是，有时也可能发生当事人自己选定的仲裁员，在了解案情后，最终却做出对自己不利裁决的情况，因为任何仲裁员都是要公正行事的。

承包商应特别注意，仲裁员与自己的律师是两个完全不同的概念，要把仲裁员与自己的辩护律师截然分开。普通法里律师制度是司法独立的，对律师有两种法律分工：诉状律师和出庭律师，后者在香港也被称为大律师。诉状律师主要负责接触当事人，处理法律文件以及出庭前的准备工作，但是出辩法庭时有一定的限制，而出庭律师不受限制，并通常受诉状律师的委托，替他的客户出庭辩护。尽管仲裁时没对诉状律师限定不能在听审时辩护，但行业的习惯作法是在重大仲裁的听审时指定出庭律师做辩护人。

另外要提到的是仲裁费用很高，根据水平和名气的高低，律师费约为 450～800 美元/小时，助手在 300 多美元/小时左右，但这些比起项目可能涉及的索赔金额仍为小头。当然，如果真正打起仲裁，业主和承包商最终支付给律师的费用会占到合同价款的相当一部分，有时比例甚至还不是小数目，这实际上对签约双方都是一种损失。

普通法原则上认为，在正式提交索赔前所发生的费用是不能得到补偿的，即便仲裁判定索赔确实成立，理由是这些涉及到合约问题的法律咨询费应在报价时就予以充分考虑。因此，按合同规定解决争端的过程中，承包商就算是最终赢了索赔，一般也很难通过仲裁拿回在准备索赔时所支出的开销，其中当然包括为此而发生的律师费用。

关于律师的付费方法，通常可有三种选择。

(1) 按工作小时收费

最常见的是就层次各异的律师所提供的服务按照小时收费。这种时间收费的方式是每个律师对其为案情所做的工作时间做好记录，每月向客户发出账单，并收取费用。这种方式能够反映实际费用，简单公平，得到了普遍接受和使用。但是，如果仲裁时间拖得很长，客户就要为此支出一笔相当可观的法律费用，而实际上当事人的律师多数并不希望看到案情尽快了结。

(2) 分阶段或就单项工作内容收费

这种收费方式比较复杂，操作起来也相当不方便，需要事先把工作分成几个阶段，例如准备并呈报索赔、商谈索赔、调解或仲裁，或者分解得更细一些。实际上，很难预测和商定每个单项的具体内容，有时还要受到仲裁对手索赔策略的影响，即使勉强确定了分析阶段付费的内容，真正仲裁起来所走的路径也时常与预测路径发生偏差。因此，这种付费方案中常附有许多限定条件(叫 Qualifications 或 riders)，尤其是律师希望借此回避未知发生的费用风险。而且有时可能出现在案情发生了至关重要的变化情况下，客户与律师要先坐下来再商谈付费修订协议等，却不能先一致对外赢得胜利，致使一些很急的工作反倒耽误下来，影响仲裁的正常进行。因此，客户很少或不愿意使用这种方式付费。

(3) 部分小时收费 + 部分成功费提成

就是先按工作小时收部分费用，待索赔成功后再提取索赔总额的一个百分比作为奖励，如果索赔失败，律师也不再收取任何费用。这种方式的诱人之处在于律师与客户共同承担法律费用的风险(如果失败)，并分享所得索赔，也就是说风险共担、利益共享，可以目标一致,共同对外,并能防止时间上可能出现的拖延。

按工作小时计收的部分通常为正常费用的50%左右,律师同样按其为案情所做的工作提供小时记录清单,但付费只按双方协议的一个比例进行(比如50%)。而成功费提成的比例因案情不同而各异,通常是在索赔总额的30%~50%之间,应该是索赔绝对值大小的一个反比函数。如果有延期索赔,律师也可能就延期时间另对罚款金额收取一个合理的百分比,通常为10%~30%不等。如果失败,则客户只花了时间计费的50%(如果比例商定的是50%),并无其他支出。国际名律师一般拒绝提供完全按成功费提成(英文叫Pure"Success" Fee Basis或"No Win No Fee" Terms)的方式提供服务,因为这样风险太大,而他们的仲裁成本支出至少要花掉时间计费的一半。赔本的买卖谁也不会去干。

当然,也有些公司采用聘请高水平的常年法律顾问的方式(Retainer Scheme),对关键索赔的准备和报送提供定期咨询,并参与同业主就争端问题进行的高层谈判。

仲裁程序的进行应视为被告收到仲裁通知书之日开始。仲裁庭可以按照它认为适当的方式进行仲裁,但必须平等对待各方当事人,并且在仲裁程序的任何阶段,都要充分给予当事人以陈述其主张和理由的机会。仲裁员在听审前,通常需几周时间进行听审的高层次准备,包括:

(1) 盘查问询的准备

(2) 听讼材料的准备

(3) 公开文件的准备

(4) 审查所有证人和专家提供的证据

(5) 研究业主和承包商所呈交的资料

听审应在一个中立的地方进行,通常听审在双方能听到并或读到对方的观点同时还有机会答复的基础上进行的,先由索赔方可以介绍案情与其法律依据,然后提出书面或口头证据,再做进一步陈述。然后被索赔方做出陈述并提供反驳证据;接着再由索赔方答复。周而复始,直至得到总结发言。听审一般持续4~8周时间。

中国已于1986年12月正式加入了1958年在纽约通过的《承认及执行外国仲裁裁决公约》(Convention on the Recognition and Enforcement of Foreign Arbitral Awards),而且世界上主要的贸易国家都参加了该公约,目前已有七十多个缔约国,有关详情可查阅网站:www.un.or.at/uncitral。这一公约为执行外国仲裁裁决提供了保证和便利,使得在一个国家领土上作成的仲裁裁决,可以在另一个国家请求承认和执行,并保证了实施公约的国家相互透过简易程序,彼此执行仲裁裁决,因而在全球范围内得到了广泛的接受和实施。每一个缔约国应该承认仲裁裁决具有约束力,并且依照裁决被请求承认或执行地的程序规则予以直接强制执行,除非在执行裁决时与所在国的公共秩序相抵触。

如果中国承包公司签约后履约欠佳或又不想干了,业主首先就会没收履约保函以及攥在手中的各类银行保函,扣压全部现场材料设备,拒付FIDIC合同第60款项下的所有应付款,并可以按照FIDIC合同第67款提交国际仲裁,要求承包商赔偿由此引发的全部经济损失。仲裁之后中国政府要做出适当安排并强制执行,因为是《1958年纽约公约》(1958 New York Convention)缔约成员国的承包商。但是,对非缔约国项目的仲裁结果,可能承包商在仲裁胜诉的同时就彻底败下阵来,现实情况是拿到了期望的仲裁决定,但根本无法强制对方执行,因为缺乏国际法的有力保障。承包商在决策是否通过仲裁解决争端时,对此要特别小心。

关于承认外国仲裁机构的判决,普通法采用国际公认的原则。就是被请求承认和执行判决的所在国法院只对原来作出的仲裁判决进行形式审查,不涉及原来判决的是非曲直。所谓形式审查一般是指以下内容:

(1) 所用仲裁规则和判决是否属于《1958年纽约公约》的范畴;

(2) 判决债务人是否已经收到起诉通知,并有充分的时间为自己辩护;

(3) 该判决是否是一项可以执行的有效判决;

(4) 债权人或申请执行人是否以欺诈方式取得判决;

(5) 承认该判决是否违反被请求承认和执行地的公共秩序。

在做成仲裁决定以前,如果双方当事人对已形成的争端同意和解,仲裁庭就会发出命令,终止仲裁过程,或根据合同的条件规定,以仲裁决定的形式记载大家的和解,形成友好解决争端的结局。这实际上又回到了编制 FIDIC 合同 1988 年版第 67.2 款的初衷。

英国土木工程承包商协会点工计费标准

国际承包商经营的目的是在不损害他人利益的前提下，以最小的成本支出，获取最大的盈利回报。搞好施工项目的费用控制，尽量采用合理的计费标准，挖掘各种潜力，强化综合管理，最大程度地增加收入并降低成本是经济核算的主要目标。

目前国内出版了许多介绍 FIDIC 合同条件的书籍，对我国建筑施工行业与国际惯例接轨起到了促进作用。其实，FIDIC 合同条件并非包罗万象，在海外具体工程项目上，经常需要引用一些国际普遍认可的相关标准和文件作为技术性支持。

由于历史演变的缘故，FIDIC 合同条件源于英国土木工程师协会(The Institution of Civil Engineers)的 ICE 合同，因而带有相当浓厚的英国色彩，尤其是当发生 FIDIC 合同条件第 51 款、第 52 款、第 58 款和第 59.4(c)款等涉及合约外的临时点工计费时，经常出现寻求英国土木工程承包商联合会(The Federation of Civil Engineering Contractors)(该组织于1996年解体并改名为英国土木工程承包商协会，英文叫 Civil Engineering Contractors Association)所编《合约工程中临时发生的点工计费标准》(Schedules of Dayworks Carried Out Incidental to Contract Work)的技术性支持之情形，这个计费标准业内通常简称为“英国点工标准”(The FCEC/CECA Schedules of Dayworks)，涉及到工费、材料费、施工机械和多项管理费率等内容。

本人自1984年就在海外工程项目上从事第一线的具体工作，开始接触到这个“英国点工标准”的1983年版，该标准在1990年和1998年又做了实质性的补充修订，尤其是对一些单价和百分比进行了更新调整，以客观反映物价上涨等实际情况。当时在海外一直使用的是英文版本，后来我利用工作之余，将这份计价标准翻译整理出来，并已由中国建筑工业出版社于1999年11月出版，可供读者在国际承包项目的实际工作中参阅。因该标准自身的有关数据已能说明相关问题，故这里不再复述。

我还注意到凡使用FIDIC合同条件管理的海外项目，有经验的承包商之项目经理、现场工程师、工料测量师(也叫验工计价师 Quantities Surveyor)等均是人手一册“英国点工标准”，并很善于结合具体问题，随时在工地寻找创造点工的机会，尽量采用该标准计价收费，以达到盈利目的。

如果读者对英国土木工程承包商协会的点工标准感兴趣，可向以下地索取有关资料：

Civil Engineering Contractors Association
Construction House
56-64 Leonard Street
London EC2A 4JX
United Kingdom
Tel: +44-171-608 5060
Fax: +44-171-608 5061

“英国点工标准”的费率相对较高，对承包商创收十分有利。

例如承包商对点工的工费、材料费可以再额外加收 12.5% ~ 133%的管理费，其中包括各类保险、零小工具、运杂费等项内容，光是人工的现场交通就可加收 12.5%的管理费，对雇佣分包商单纯提供劳务点工也可加收 64%的管理费。

“英国点工标准”里除列出一些管理费的收费标准外，绝大部分是机械设备的台班价目表，适用于合同中预先没有约定费率的情况下而临时发生之点工计价。而从折旧的角度分析，机械设备的加速折旧力度相当大，有些仅半年就把成本摊销完了，因此形成机械点工的每小时台班收费相当惊人。

另外，通过施工机械的租赁，如果又争取到采用费率较高的“英国点工标准”，承包商除能实现增收创利外，还可经常获得崭新的和新型的设备之使用权，避免因施工机械的陈旧、坏损和效率低下以及更新等问题而可能带来的风险，不致拖延项目工期。

当出现咨询工程师指令实施点工的情形时，就可能涉及租赁机械设备的问题。租赁施工机械台班的费用应根据台班的数量乘以机械设备台班费。台班费的计算比较复杂，同时也有许多种费率标准可供参考。而“英国点工标准”中的台班价目表，就是在海外项目中经常被采用的对承包商相当有利的一种标准。

例如，本人参与实施的一个海外公路翻新项目，所用 FIDIC 合同第 58 款在对应的 B.Q. 单暂定金额项下拨备出 23 万美元的点工用于维修既有道路，但同时又规定使用“英国点工标准”进行相关的验工计价，结果需要大量的机械台班，实际发生了点工收入 70 多万美元，还是在咨询工程师一压再压的情况下。由于此公路是进出该国首都的主要干线，绝对不能断道施工，业主也只得硬着头皮按照这个“英国点工标准”的管理费和台班价目表支付道路维修费，以保证公路的畅通无阻。

作为承包商，应善于结合现场实际情况及 FIDIC 合同的相关条款，与业主和咨询工程师协商交涉，用好用活这一费率标准，从而通过尽量创造点工的方式，在项目实施的过程中获得理想的经济效益。

清关清税

国际承包项目的清关、清税都相当重要。清关的英文叫 Customs Clearance,就是跟海关打交道;清税的英文叫 Tax Clearance,就是跟税务局打交道。税务有两个概念,中文里都叫税,但英文是用的两个词,一个叫 Duty,是海关征收的海关税;另一个叫 Tax,是承包商交纳给税务局的,包括公司所得税和个人所得税等。

承包商从海外进来的东西免税可以,项目干完后还必须要转运出镜,绝不能进来之后项目一完就地变卖,那承包商光出售免税材料和设备吃差价就赚钱,业主对此是十分认真的,而且承包商有时还要提交材料设备免税抵押保函。这种保函的目的是确保承包商把进口物资全部用于其具体承包的免税项目上,同时控制承包商日后的清关、清税。保函的担保金额是根据材料设备的价值再加关税后确定的。对于新设备,主要依据是其采购的原始发票。如果是旧设备或二手机械,则需经有关专家进行现场核实,并参照承包商提供的形式发票(Proforma invoice)和实物机况,评估确定设备的残值。

在中国,一说税不能马上知道是指海关税还是所得税,而英文就很清楚,一说 Duty 就知是指海关的税,一说 Tax 肯定是税务局的税。国际金融组织的贷款项目之海关税通常要由业主来办,不是承包商的事,至少手续不由承包商负责。在海外经办海关手续是很头痛的事情,有很多关口都要去疏通,也有些国家规定,到海关办理进出口手续,必须由其国家指定的合法清关代理人承办,其他人员海关概不受理。所以,在 FIDIC 合同里通常会写明:项目的海关税都由业主办理。承包商在拿到海关退回的进口报关单后一定要认真审核,确保清关单据、进口许可证的内容与进口物资一致,一旦发现错误,必须及时更正,以保证后期清关工作的顺利进行。

有关单证要按合同规定严格制作,主要目的是使货物能够顺利通过当地海关申报。由于项目涉及的货物品种很多,发票和装箱单的制作过程比较繁琐。海关税的申报通常分为两大类:一类是临时进口申报,另一类则是永久进口申报。

临时进口主要涉及项目所用施工机械和车辆等,待项目结束时要将这些设备转运出境,所以也叫再出口物资(Re-exportable goods)。对于承包商为项目实施而进口的任何设备,当承包商根据合同规定将这些设备撤离时,业主应尽其最大努力协助承包商获得政府对承包商设备再出口的任何必要的许可。如果承包商承揽到的下一个工程需继续使用这些设备,则应由新旧两个项目的业主出具证明,到海关备案,并重新办理一应手续后方为合法。若后续项目仍享有免税待遇,则可延续使用并作为再出口物资,而暂不必上税,但若后续项目为当地非免税项目,则承包商就必须补交全部税金后才能转场使用。

永久进口则是指 FIDIC 合同第 1.1f(ii)款涉及的永久工程中需用的消耗性物资(Consumable goods),例如,钢材、水泥、沥青、高档装修材料等,以及施工机械必备的零配件和常用医药、食品等。

这些物资要求一次清缴海关税。海关税的征收及税率都有具体规定，承包商在进口物资前必须了解清楚。

FIDIC 合同第 54.1 款涉及的问题是承包商应该小心的，就是由承包商提供的承包商的所有设备、临时工程和材料、一经运抵现场，就应被视为是业主的财产，只能专门供该工程施工所用。如果要想部分或全部移出工地，必须经咨询工程师书面批准，这与在国内施工时的情况不一样。不过，用于运送任何职员、劳务人员、承包商的设备、临时工程、工程设备或材料出入工地的车辆不需经这种同意。这一规定把承包商限制得死死的，材料设备进来可以，出去则必须经过咨询工程师认可，如不经他批准而自由调动的话就属违约。这对手中有若干个项目的承包商合理调配设备和材料是有影响的。另外，包括承包商的设备能否免税，进口设备可否就地出租转用，免税进来后如何顺利清关，出关时的核对事宜等等，都在第 54 款中谈到。

如果是世界银行、亚洲开发银行或其他国际金融组织贷款的项目，都规定是免税的，这个免税是指海关税(Duty)，而不是税务局的税(Tax)。业主通常在合同中会规定，凡是在项目所在国能生产的物资是不允许进口或不能免税的。承包商干完工程项目赚了钱，要按当地法律办理清税，这里指的就是向税务局交税(Tax)，主要是相关的公司所得税和个人所得税。

税收无论是在发达的资本主义国家，还是在发展中国家，都是政府财政收入的重要来源。各国的税法和税收政策也不尽相同，因此，每到一个国家搞工程项目，必须对这个国家的税制做好认真调研，包括纳税范围、内容、税率和计算基础等。

向税务局交税的问题比较复杂，只有了解并熟悉当地的有关法律和税务规定，才能掌握主动，甚至积极创造条件，应该有专人负责这方面的工作。在税务问题的处理上，逃税是违法的，但合理避税是合法的，同时也是承包商的本事，这就是海外人们常说的 Creative Accounting。教科书中对此通常都是避而不谈的，有经验的承包商也不会把它老挂在嘴边大谈特谈，一般是做的多，说的少，只是当被质疑时才去进行合理合法的解释和辩护。比方说，有的国家有合同税(Contract Tax)，占到合约金额的5%左右，承包商一旦签合同就要交合同税，那就可以想办法，与业主商量一个变通的方式，双方签订的东西不叫合同(Contract)，而叫管理协议(Management Agreement)，这样从法律上可以免交合同税，因此而受益的是签约双方。还有些承包商通过调整并减少资产负债表及盈亏表(Profit and Loss Account)中利润结余的方式达到在当地少交公司所得税的目的。作为经营者，特别是海外经营者，对合理避税是应该考虑的，处理的原则是：

(1) 力争全避

(2) 减少纳税

(3) 合理分列到不同的时间区段内

(4) 调整财务结构

(5) 尽量离岸上税

(6) 靠上免税项目

(7) 争取享受税务优惠政策，等等。

在海外实施项目时，承包商要学会在合法的范围内能省就省，能减点费用就减点费用，从而最终可以合情、合理、合法地增创利润。

计算机在合同管理中的应用

国际工程承包商参与激烈的市场竞争，不能仅仅依靠简单的人工管理，还必须掌握各种现代化的技术手段，包括使用计算机进行管理，建立方便实用的计算机管理网络，有效地提高项目的经营管理水平。

在 FIDIC 合同的管理中，可以采用计算机对各类信息进行辅助管理。计算机应用水平的高低，在某种程度上也反映一个国际承包商在项目管理方面的水平。以下谈谈在 FIDIC 合同项目管理中应用个人计算机的一些体会。

文字处理

在 FIDIC 合同项目管理中，文字处理是一件频繁遇到的日常工作。特别是在投标报价、商谈合同等阶段，往往需要多做几个比较方案，以掌握主动权，因而有大量文字处理工作要做。如果用计算机来处理，有时会收到事半功倍的效果。

例如，某房建项目，在商谈合同过程中，业主不同意承包商建议，但又表现犹豫。承包商注意到业主的表现，将合同底本文件复制，并对复制的文件进行修改，一个合同做出了三个比较方案。谈判的结果是其中一个方案被选中，合同额100多万美元，比原先的方案还多4万美元。这些方案是从下午4点半开始做，6点10分开始谈判并签约。不用计算机利用合同底本，几乎就难以完成。

除了方便、快捷之外，使用计算机进行文字处理的另一优点是可以随时记录和修改。在项目合同签订前，任何时候想到的问题，签合同用的有关条款，都可立刻打开计算机记录或修改，并存入文件中，使用时再调出，不必每次都打印出来。这样，工作有条有理，信函行文准确。

FIDIC合同第1.5款（通知、同意、批准、证明和决定）和第2.5款（书面指示）规定，一切以书面形式的往来为准；而在项目实施过程中，也有大量的现场记录等。因此，项目从投标报价开始，直至承包商拿到合同第61.1款（仅凭缺陷责任证书的批准）和第62.1款（缺陷责任证书）的保修期证书，都涉及大量的文字处理工作。

目前用计算机做文字处理，最常用文字处理系统的有中文WPS，汉化WS，英文WP，WS，Word，First等。其中有的带有字典，可以校对文本中有没有英文错词。

计算机在文字处理方面的应用，目前国内已经比较普及。但是，文字处理只是计算机的一种功能。在项目管理中，还有许多事情可以用计算机来做。

电子表格功能

利用计算机强大的电子表格功能进行报表计算，提供报价，对承包商来说也是一件有益的工作。最常用的有Lotus 1—2—3和Excel等电子表格软件，功能齐全，完全可以满足报价方案的计算和比较的要求。运用这些报表软件,非常容易对各种可能的方案进行比较。因为只要输入一个或一组数据,计算机就会在瞬间完成计算并给出结果。有资料表明,Lotus 1—2—3 软件在东南亚地区个人计算机中的装机率已经超过 90%。

在实践中,我们感到 Spread Sheet 的运算尤其适用于 B.Q.单的数量和单价调整方面的工作。

按照 FIDIC 合同第 60 款(证书与支付)验工计价,在上次验工计价单上修改,通常可与咨询工程师交换软盘,但要注意留好备份。

此外要注意的是:有许多合同明确规定,文字与软盘发生矛盾,以文字为准。

国内经常使用的报表与欧美各国流行的表格形式截然不同,喜欢有框线的报表。从心理学上说,这也反映了中国人的稳重和严谨。Lotus 1—2—3 软件包配有满足这种要求的附加软件包,如 Allway,Impress 等。

数据库

建立计算机数据库,有利于承包商应用计算机对各类数据信息进行处理和管理,以详细的数据分析和丰富的实践经验作出综合判断和决策。当然,文字形式的档案系统也是必要的,并应与计算机的管理形成有机联系。用计算机模拟原有的手工劳动,如技术资料、工程报价、施工管理人事档案、物资采购和管理、材料出入库管理记录、设备人员的管理经营决策等等,有利于提高工作效率。

例如,随着通信技术的普及,电话商谈在国际承包工程的实施中不可避免。在工作中,我们经常遇到的一种情况是,外出归来,只知有人来电话并请求回电话的号码,但不知姓名。为此,完全可以借助于一个 dBase 数据库,这个数据库已经存入了所有客户的主要信息。在回电话之前,我们可以先查一下来电人的情况,判断对方打电话的意图，以便回电话时有所准备，预先把可能谈的问题考虑好，免得一回电话时对方发问而说不清楚。

数据库还有助于成本控制管理，及时动态地反映工程实施过程中收入与支出的关系，以具体数字反映工程项目在财务方面可能出现的问题，将成本控制的数据处理与项目的报价结合起来进行盈亏分析，作为管理层和工程技术人员采取相应成本控制措施的依据。

应用软件

有许多单位买了计算机以后，只有一个模糊的应用目标，不能充分发挥作用，其主要原因是缺乏足够的应用软件。有些管理人员认为软件是计算机专家的事情；也有人认为软件算不上什么财产，不值得花钱采购。总之，重硬件而轻软件，导致了硬件资源的浪费，成了一种通病。

实际上，有很多现成的应用软件包，只需购入并装入计算机，经过短期培训即可使用，发挥应有的功效。

例如，运用有报价的 ESBOP 程序，用于不平衡报价，既有助于承包商中标，又能减少风险，在签约后按预定方案实施，通过项目实施获取最佳利润。

国际承包工程是个复杂的系统工程，一环套一环，所以 CPM/PERT 法才得以广泛的应用。使用计算机，可以很方便地画出合同第 14 款要求的进度图，并及时做出合同第 14.2 款的调整，而且相当快和美观。

还有一些软件，如 Microsoft Project，QSM system，等等；其中 CPM/PERT 图的功能对于投标报价、跟踪项目进度、将计划与实际数据进行比较、妥善管理并充分利用资源等都相当实用，只需输入参数即可。

FIDIC 合同规定承包商有进行施工设计的责任。承包商可以利用计算机辅助设计（CAD），代替部分人工进行的计算和设计。

常用的 CAD 程序包有 BRIDGE,BUILDING,ROAD 等。

自编程序

除了上述的一些现成的应用程序软件外,承包商还可根据实际需要自编一些程序,将有关的实际工作过程归纳为数学问题的形式,建立简单的数学模型,送入计算机内进行数据和事务处理,满足各种特殊情况的要求,变人为的离散型管理为计算机的系统化管理。

例如,FIDIC 合同主张有关各方构成相互经济制约,其中主要手段之一就是银行提供的各种保函,如第 10 款(履约担保)、第 60.10 款(预付款)、第 60.3 款(保留金的支付)和第 54.4 款(承包商设备的再出口)可能涉及的许多银行保函。另外,总承包商在按合同第 59 款(指定的分包商)分包时也要求分包商向自己提供相应的银行保函。

实践表明,利用自己编制的提醒程序(Reminder Program),对自己和分包商的各类保函进行管理相当有效。该程序可以提前设定一个天数,如 30 天或自定天数。

许多承包商在海外工程中应用计算机管理收到了良好的效果,因此,一个具有专业知识而不懂计算机的承包商是不可能胜任工程项目计算机应用的各类工作的。承包商应该注意学习计算机的实用知识,并就出现的具体问题随时请教有关专家和有实践经验的人。

FIDIC 合同常用英汉词汇表

A

abandon 放弃

abandonment of contract 放弃合同

abandoned assets 废弃资产

abate 废止

abatement 冲销,扣减

abeyance 暂缓

abide 遵守,坚持

ability 能力

ability to pay 支付能力

abnormal 非正常的

abnormal cost 非正常费用

abnormal loss 非正常损失

abolish 废除

abroad 海外,国外

absence 缺席

absent 缺席

absolute 绝对的

absolute advantage 绝对优势

absolute interest 绝对权益

absorb 分配

abstract 提要,文摘

academic 学术的

academy 学院,研究院

acceleration 加速施工,赶工

accept 接受

acceptable 可接受的

acceptance 验收,承兑

acceptance bank 承兑银行

access 通过,通道

access to site 工地通道

accessory 附件

accident 事故

accommodation 食宿,调节

accommodation bill 通融票据

accommodation note 通融票据

accordance 按照

account 账户,账目

account balance 账户余额

account bill 账单

account book 会计账簿

accounting evidence 会计凭证

account law 会计法

account payable 应付账款

account receivable 应收账款

accountant 会计师

accumulate　累计
achieve　完成,达到
achievement　成就
acknowledge　承认,收到通知
across　横过
act　行为,行动
　acts of God　天灾
action　行动的
active balance　顺差
addendum　补遗
additional　附加的
　additional payment　额外付款
　additional tax　附加税
address　地址
adjust　调整
administer　管理
　administered price　控制价格
administration　管理,注册
　administration cost　管理成本
　administration expenses　管理费用
administrator　行政人员
admission　准允
admonition　警告
adopt　采纳
advance　提前的
　advance payment　预付款
　advance payment bond　预付款保证金
　advance payment guarantee　预付款保函
　advance payment security　预付款担保
advantage　优势,利益
adverse　不利,反对
　adverse balance　逆差
　adverse physical obstruction　不利的实际障碍
advertise　广告
advice　建议,通知
advise　通知
adviser,advisor　顾问
affect　影响
affidavit　宣誓书
affiliate　联营
　affiliated company　联营公司
against　对应,反对
agency　代理
agenda　记录,备忘录
agent　代理人
aggregate　综合,总计
agreement　协议,契约
ahead　向前
　ahead of schedule　提前完成计划
air-condition　空气调节
air-conditioner　空调机
air-freight　空运
airport　航运
airport　机场
alarm　警报,警告
allocation　分配,分摊
allowance　津贴,补助
alternative　选择性的,比选方案
altitude　高度
ambiguity　意义含糊,歧义
ambiguities in document　标书的歧义

amend 修改
amicable 友好的,和善的
amicable settlement of dispute 友好解决争端
amortization 摊销,摊还
amount 金额,总数
amusement 娱乐设施
analysis 分析
angle 角度
  angle steel 角钢
annex 附录,附件
announcement 通告
annual 年度的
  annual budget 年度预算
  annual closing 年度结算
annual income 年收入
annul 取消,无效
answer 回答,答复
antedate 早填日期
anticipation 预期
antique 古物,古董
apartment 公寓
apparatus 仪器,装置
appendix 附录
applicable 适用的
  applicable law 适用的法律
applicant 申请人
application 申请书
appoint 委派,约定
appraisal 评价书,评估书
appraise 评价
appraiser 估价人
appreciation 涨价,增值
approve 批准
approximate 约数,近似
arbitration 仲裁
arbitrator 仲裁人
architect 建筑师
Architect′s Instruction(A. I.)建筑师指令
architecture 建筑设计,建筑学
area 面积,地区
argument 争论
arithmetical 算术的
  arithmetical error 算术错误
arrangement 安排
arrears 拖欠
arrestment 财产扣押
arrive 到达
article 条款,章程
artificial person 法人
assay 化验
assembly 装配,生产线
assess 征收,估定
assessor 估税员
asset 资产
  asset cover 资产担保
  asset depreciation 资产折旧
  asset turnover 资产周转率
assign 分配,指派
assignee 受让人
assignor 转让人
assistant 助理
associate 联合
association 协会
attach 随附

attendance　出席
attention　注意
attorney　律师代理人
auction　拍卖
audit　审计
authenticate　转递(用于银行保函)
authority　当局,权力
authorization　授权
authorize　授权
autograph　签署
automatic　自动的
auxiliary　辅助的
　auxiliary enterprise　附属企业
available　有效的,可用的
average　平均
　average life　平均使用年限
avoid　避免
avoidance　避免
　avoidance of double taxation　避免双重征税
award　授标,授予

B

back　后面
　back ground　背景
　back order　延期交货
bad　坏的
　bad account　呆账,坏账
　bad debt　坏账
balance　平衡,余额
　balance sheet　资产负债表
bank　银行
　bank account　银行账户
　bank book　存折
bank charge　银行手续费
bank check　支票
bank credit　银行信贷
bank deposit　银行存款
bank guarantee　银行保函
bank loan　银行贷款
　bank overdraft　银行透支
　bank prime rate　优惠利率
　bank statement　对账单
bankrupt　破产
bankruptcy　破产
bar　棒材
　bar chart　线条图表
bargain　交易,契约
barrel　桶(石油计量)
barter　易货交易
basement　地下室
basic　基本的
basis　基准
beam　梁
bear　空头
behalf　代表(谁)
behind　落后

behind schedule　拖期
belated　误期的
belongings　所有物(财物)
benchmark　基准点(测量)
beneficiary　受益人
benefit　利益,效益
bid　投标
bid price　投标报价
bid bond　投标保证金
bid guarantee　投标保函
bid security　投标担保
bidder　投标人
bilateral　双边的
bilateral agreement　双边协议
bilingual　双语的,说两种语言的
bill　清单
bill of lading　提货单
bill of payment　付款清单
bill of quantities (B.O.Q.或B.Q.)工程量价单
bird's-eye-view　鸟瞰图
blue-print　蓝图
board　板,厅局
board of directors　董事会
bona fide　可靠的,真实的
bond　保证金,债券
bonded goods　保税货物
bonded store　保税仓库
bonding company　担保公司
bonus　奖金,红利
book-keeper　簿记员
borrow　借用
borrower　借款人
boycott　联合抵制
branch　分支,分公司
brand new　全新的(设备)
breach　违犯(义务)
breach of contract　违约
breakage　破损
break-down　明细表
break-even　打破均衡的
break-even line　成本线
brick　砖块
brick layer　砌砖工
bridging loan　过渡性贷款,搭桥贷款
brief　提要,大纲
broker　经纪人
budget　预算
build　建造
building　建筑物
bulk　散装
bull　买空
bulletin　公报,公告
burden　间接费用
bureau　局
bureaucracy　官僚主义
business　商务,生意
business man　商人,实业家
buy　购买
buyer　买主,购买人
buying price　购入价
buying rate　(货币)买价
by-law　章程,细则
by-product　副产品

C

cable　电报

cable transfer　电汇

CAD(Computer Aid Design)　计算机辅助设计

calamity　灾害

calculation　计算

calculator　计算器

calendar　日历

CAM(Computer Aid Manufacture)　计算机辅助制造

camp　工人营地

cancel　撤销,注销

cancellation　注销

capability　能力

capacity　容量,能力

capacity operating rate　开工率

capital　资本

capital asset　固定资本

capital cost　资本成本

capital intensive project　资金密集项目

capital return　资本收益率

capital stock　股本

capital turnover　资本周转率

capitation tax　人头税

caption　标题

caretaker　看守人

cargo　货物,运费

carpenter　木工

carriage　货运

carriage paid　运费已付

cartel　卡特尔(垄断组织)

case　案件(法律)

cash　现金

cash asset　现金资产

cash flow　资金周转

cash on delivery(COD)　到货付款

cashier　出纳员

casting　浇注,现浇的

catalogue　商品目录

caution money　保证金

cease　停止

ceiling　最高限额,天花板

centigrade　摄氏度

central bank　中央银行,央行

ceremony　典礼,仪式

certificate　证书,证明

chairman　主席,董事长

chamber　会

chamber of commerce　商会

change　变更

changeable　可变的

charge　费用,索价

charge off　注销

charge on asset 资产置留权

charge sales　赊销

chart　图表

charter　公司执照

charterer 租船人
chattel 动产
check,cheque 支票
choice 选择
chop 图章
circumstance 环境,情况
civil engineering 土木工程
claim 索赔,索偿
claimant 索赔人
clamber 攀爬
classification 分类
clause 条款
clay 粘土
  clay brick 粘土砖
clean 清洁
  clean bill of lading 清洁提货单
clear 清除
clearance 清关(海关清税)
clerk 办事人员,文员
client 业主,当事人
climate 气候
close 关闭,结束
  closing date 截止日期
  closing price 收盘价
code 法规,代码
coefficient 系数
coincide 符合,重合
collaborate 合作
collateral 抵押品
collection 收款
column 柱子,栏目
combination 联合,合并
commercial 商业的
  commercial bank 商业银行
  commercial paper 商业票据
commission 佣金
  commissioning 试车,调试
commitment 承诺
  commitment fee 承诺费
  commitment letter 承诺信
committee 委员会
common 普通
  common law 普通法,不成文法
commodity 商品,货物
communication 联络,通讯
community 公众,团体
compact 契约
company 公司
comparability 可比性
compensation 补偿,报酬
competition 竞争
competitor 竞争者
complain 申诉
complaint 申诉人
complementary 补充的
complete 完成
completion 完工
complex 综合的
component 组成部分,部件
compound 复合
  compound amount 本利和
  compound interest 复利
comprehensive 综合的
compromise 妥协,和解
compute 计算
computer 计算机

concept 观念,概念
concern 商业企业
concerned 有关的
concession 特许,优惠
conciliation 调解,和解
conclude 结束
conclusion 结论
condemnation 征用
condition 条件
conditions of contract 合同条件
condition precedent 先决条件
conference 会议,会谈
confident 信任
confidential 机密的
confirm 确认,保兑
confirmed L/C 保兑信用证
confirmation 确认书
confiscate 没收,征用
conflagration 大火灾
conflict 抵触,冲突
conform 遵守,依从
conformity 一致,符合
confute 驳斥
conjunction 连接,连带
connect 联系
consent 同意
consequence 后果,重大
consequent 随之而来的
consequential loss 间接损失
consequently 从而,因而
conservative 保守的,稳当的
consider 思考,认为
consideration 体谅,补偿
considering 鉴于
consign 委托,托运
consignee 受托人
consignment 代售
consist 由……组成
consistence 一致,连贯
consolidate 调整,巩固
consortium 联合体,集团
constant 常数
constant cost 不变成本
constitute 构成,任命
constitution 章程,宪法
constraint 强制
construct 建设
construction 建筑施工
construe 解释
consulate 领事馆
consult 咨询
consultant 顾问,咨询人
consume 消耗
consumer price index 消费品物价指数
consumption 消耗量
contact 接触
contain 包括
container 集装箱
contemporary 同时的,同期的
contemporary record 同期记录
content 内容
contention 争论
context 上下文
continental law 大陆法,成文法
contingency 意外事件

contingency fees 不可预见费
continue 继续
continuous 连续的
contour 等高线
contraband 禁运品,走私货
contract 合同
contract bond 合同保证金
contract price 合同价
contractor 承包商
contractor′s all risks insurance 承包商全险
contradiction 矛盾
contrast 对比,对立
contravence 违反
contribute 贡献
contributed capital 实缴资本
contribution 捐献
control 控制
controller 检验员
controversy 争论
convene 召集
convenience 方便
convention 惯例
conventional 常规的
conventional price 协定价格
conversation 会话,会谈
convertible 可转换的
convertible bond 可转换债券
convertible currency 可兑换货币
convey 传达,运送
convince 确信
convoke 召集(会议)
cooperate 合作,协作
coordinate 协调
copy 副本,复印件
copy-right 版权
core 核心
corner 角落,囤积
corner stone 奠基石
corporate 共同的
corporation 公司
corpus 本金
correct 正确的
correspondent 客户
correspondence 符合
corrigendum 勘误
corridor 走廊
corrosion 锈蚀,腐蚀
corruption 贪污,腐败
cost 成本
cost and freight(C & F) 到岸价
cost control 成本控制
cost plus contract 成本加合同
costly 昂贵的
council 委员会,议会
councilor 参赞
counter 计算
counter balance 计算器
counter claim 反索赔
counter fit 伪造,假冒
counter guarantee 转开(用于银行保函),反担保
counter offer 还价
counter-part 对方
counter trade 抵货贸易
country 国家

course　科目
court　法庭
courtesy　礼节性会见
covenant　契约，缔约
cover　包括，覆盖，保额
　covering letter　首封函
　coverage　保额
CPM(Critical Path Method)　关键路径法
crack　裂缝
craft　手艺
　craft union　同业公会
craftsmen　技工
crane　吊车
crash　倒下，碰碎
credit 信任，借贷，信贷
　credit card　信用卡
　credit guarantee　贷款信用担保
　credit line　贷款限额
　credit terms　贷款条款
creditor　贷方，债权人
crew　乘员组
critical　关键的，重要的
　critical path method(CPM)　关键路径法
across　交叉，横穿
　cross exchange　套汇(与第三种货币套算)
　cross rate　交叉汇率，对冲汇率
currency　货币
　currency appreciation　货币升值
　currency depreciation　货币贬值
current　流动的，现时的
　current account　活期账户
　current asset　流动资产
　current capital　流动资金
　current debt　短期债务
　current deposit　活期存款
　current liability　流动负债
curve　弯曲，曲线
custody　保管
customs　海关，关税
customs broker　清关代理行
　customs clearance　清关
　customs declaration　报关单
　customs duty　关税
　customs house　海关
customer　顾客，买主
cut off date　截止期

D

daily　每日的
　daily interest　日息
　daily pay　日工资
daily statement　日报
dam　水坝
damage　损害，赔偿

damage claim 损害索偿
danger 危险
danger money 危险工作津贴
data, datum(单数) 数据,资料
database 数据库
data processing 数据处理
date 日期
dated draft 定期汇票
date due 到期日
date of value 起息日
daughter company 子公司
daywork 点工,计时工
day-time 白天
dead 呆的,死的
dead account 呆账
dead fright 空舱费
dead line 截止期
dead loss 纯损失
dead money 闲置资金
dead season 淡季
deal 交易
debasement 贬值
debate 辩论
debenture 公司债券,无担保债券
debit 借方
debt 债务,欠款
debtor 债务人
decade 旬(10个一组的数)
deceit 欺诈
decide 决定,判定
decision 决定
declare 申报(海关)
decorate 装饰
decrease 减少
decree 判决
deduct 扣除
deed 契约
deed of indemnity 赔偿契约
deed of mortgage 典约
deed of partnership 合伙契约
de facto 实际
de facto suspension of work 实际停工
default 违约,拖欠
defect 缺陷
defective work 有缺陷的工程
defense 保卫,围墙
defendant 被告
defer 推迟
defer payment 延期付款
deficiency 不足数
deficit 赤字,亏空
definition 定义
deflation 通货紧缩
deform 变形
deformed steel bar 变截面钢筋
defraud 诈骗
defray 支付
degree 度(角度数)
delay 延缓,拖延
delegate 委派,代表
delete 取消
deliver 递送,交付
delivery 交货
deluge 暴雨
demand 要求,需要

demand bill 即期汇票
demand deposit 活期存款
demand draft 即期汇票
demobilize 遣散
demolish 拆除
demonstrate 论证,证明
demurrage 滞期费
denomination 单位(度量衡面值)
denominator 分母
denote 指示
denounce 通告废除(合同)
density 密度
depart 违背,出发
department 部门
department store 百货商场
departure 离开
depend 依靠
dependent 从属的
deportation 驱逐出境
deposit 存款
depreciation 折旧,贬值
depression 萧条
depth 深度
depot 委托,站场
deputy 代表,副手
derrick 转臂起重机
describe 描述
description 摘要,描述
desert 沙漠,赏罚
design 设计
designate 指派,任命
dispatch 派遣
destination 目的地
destroy 破坏
detail 细节
detect 探测,查明
determine 决定
devaluation 贬值
devastate 毁坏
develop 发展,开发
device 装置,计谋
diagram 图表
diameter 直径
difference 差额,差异
difficult 困难
dig 挖掘
digest 摘要
digger 挖掘机
dimension 尺寸,量度
diminish 减少,降低
diplomatic 外交的
direct 直接的
direct cost 直接成本
direct shipment 直接运输
director 董事,主任
disadvantage 不利
disaster 灾祸
discharge 解除责任
discontinue 中断,停止
discount 折扣
discount bank 贴现银行
discount rate 贴现率
discrepancy 不符合,歧义
document discrepancy 标书歧义
discretion 自行决定
Engineer's discretion 咨询工程师

决定
discussion　讨论
dispute　争端
disqualify　不合格
disruption　分裂,分离
　disruption of progress　进度间断
distance　距离
distribute　分配
district　地区,街区
ditch　明沟,沟渠
divergence　偏离,离题
divide　划分
dividend　红利,股息
divisible　可分割的
　divisible L/C　可分割的信用证
division　分部
document　文件
documentary L/C　跟单信用证
　document against acceptance　承兑交单
　document against payment　付款交单
dollar　元(货币)
domestic　国内的
double　双倍的
　double taxation　双重税收
　double taxation relief　免除双重税收
DowJones Index　道·琼斯指数
down payment　预付款
draft　草图,支票
drainage　排水
draw　提款
　draw back　退税
drawing　图纸,冷拉
drill　钻孔,钻机
drive　驾驶
driver　司机
drug　药品
dry　干燥的
ductile　可延的
　ductile iron pipe　可延铸铁管
due　到期,应付
　due date　到期日
dues　会费,捐款
duly　及时的,适当的
duplicate　复制的,加倍的
duration　持续时间
duty　关税
dwelling　住所
dynamic　动态的
　dynamic analysis　动态分析
dynamite　炸药

E

earn　获得,获利
earned income　劳动收入

earnings after tax(EAT) 税后收益额
earnings rate 收益率
earnings yield 收益率
earnest 定金
earth 泥土,地球
earth quake 地震
earth work 土方工程
eaves 屋檐
eccentricity 偏心矩
economic 经济的
economic activity 经济活动
economic aid 经济援助
economic appraisal 评估
effective 有效的
effective date 生效日期
efficiency 效率
efficient 有效的
elastic 弹性的
electric 电气的
electronic 电子的
electro-plate 电镀的
element 要素,成分
elevation 立面图
elevator 电梯
eligible 合格的
elimination 删除,冲销
embankment 堤
embassy 大使馆
embellish 装饰
emend 修正
emergency 紧急情况
emigration 移民
employ 雇用
employee 雇员
Employer 业主
employment 雇佣
Employment Act 就业法
employment rate 就业率
employment tax 工资税
encamp 建立营地
enclose 附入
enclosure 附件(信函附件)
encode 编码
end 完毕,终端
end products 终产品
enduser 用户
endeavor 努力
endless 无穷的
endorse 背书(用于支票等),转开(用于银行保函)
endorsee 受让人
endorser 背书人
energy 能源,能量
enforce 实施,强制
enforced liquidation 强制清算
Engineer 咨询工程师
Engineers Instruction(E. I) 咨询工程师指令
engineering 工程规划设计
enterprise 企业
entitle 有权
entrance 入境,入口
entrust 委托,信托
enumeration 细目
envelope 信封,包封
equal 同等的,等于

equilateral 等边的
equipment 设备
  equipment leasing 设备租赁
equitable 公正的
equity 产权
  equity capital 产权资本
  equity ownership 产权所有权,产权平衡法
  equity receiver 财产清算管理人
equivalent 相等的,等量的
erection 吊装,安装
erratum 书写错误,勘误
error 误差,错误
escalator 自动扶梯
escrow 代管,暂管,代理人
essential 实质的,基本的
establish 建立
establishment 产业单位,企业机构
estate 不动产,地产
estimate 估计,预计
European Economic Community(EEC) 欧洲经济共同体
evaluate 评价
event 事件
evidence 证据,凭证(会计)
exact 正确的
examination 测验,检查
example 例证
excavate 挖掘
excavator 挖掘机
exceed 超过
except 删除,除外
exceptional 例外的,异常的
excess 超出,过多
exchange 换汇,交换
  exchange control 外汇管制
  exchange rate 汇率
  exchange risk 汇兑风险
excise tax 消费税
exclude 除外
exclusion 除外责任
exclusive agency 独家代理
exculpatory 无责的
  exculpatory clause 免责条款
executive 执行者
exemption 免税,免除
exercise 行使
exhibition 展览
expand 扩展
expect 预期
expedite 加快进度
expend 耗费
expenditure 支出,费用
expense 开支
experience 经验
experiment 实验
expert 专家
expire 期满
exploration 勘探
explosion 爆破
export 出口,输出
express 明确的,表达
  express delivery 快递
  express way 高速公路
expropriation 征用
extension 延长

extension of time(E. O. T) 延长工期,延期
external 外部的
extraordinary 非常的
extreme 极端的,尽头的

F

fabricate 结构加工,制造
facade 建筑立面
face 脸面,表面
face amount 面值
face value 面值
facility 设施
facsimile 传真
factor 因素
factorage 代理商佣金
factory 工厂
factory cost 制造成本
Fahrenheit(F°) 华氏温度
fail 失败
failure 破产,违约
fair 公正的,展销会
favo(u)r 有利的
feasibility study 可行性研究
federal 联邦的
Federal Germany 德意志联邦
fee 费
feedback 反馈
fence 栅栏,围墙
FIDIC(Fédération Internationale des Ingénieurs Conseils) 国际咨询工程师联合会
field 场地,领域
figure 数字,价格
file 档案,文件
final 最后的
final accounts 决算表
final statement 决算说明
finance 筹资,财政
finance company 金融财务公司
financial 财务的
financial management 财务管理
financial projection 财务预测
financial settlement 财务结算
financial statement 财务报表
financing 筹资,融资
finder 中间人
fine 罚款
finish 完工
finishing work 装修工程
fire 火,火灾
fire insurance 火灾险
fire proof 防火的
firm 商号,坚固的
first 第一,最初
first cost 最初成本
first demand 首次要求

first hand information 第一手材料
first mortgage 第一抵押
first rate 第一流的
fiscal 财务的
fiscal year 会计年度
fitting 零配件
fixed 固定的
fixed asset 固定资产
fixed price contract 固定价合同
fixed rate 固定汇率
fixture 固定设备
flat 套房
flat rate 统一费率
flexible 灵活的
flexible exchange rate 弹性汇率
float 浮动
floating capital 流动资金
floating debt 流动债券
floating exchange rate 浮动汇率
floating interest rate 浮动利率
flood 洪水
flood insurance 水灾险
flow 流动
flow of funds 资金流转
fluctuate 波动,升降
fluctuating price contract 变动价格合同
foot-notes 附注
force 强制的
force auction 强制拍卖
force insurance 强制保险
force liquidation 强制清算
force majeure 不可抗力
fore 先前的
fore cast 预测
fore closure 取消赎取权
fore date 填早日期
fore see 预见
fore seeability 预见性
foreign 外国的
foreign corporation 外国公司
foreigh currency 外币
foreign debt 外债
foreign investment 外国投资
forfeit 没收,罚款
form 表格
formal 正式的
formal acceptance 正式验收
formal contract 正式合同
formal notice 正式通知
formula 公式
forward 向前的,期货
forward exchange 远期汇兑
forward price 期货价
forward rate 远期汇率
foundation 基础,基金
frame 构架,结构
franchise 经营特许权
fraud 舞弊
free 自由的
free currency 自由货币
free on board(FOB) 离岸价
free port 自由港
free economic zone 自由经济区
freeze 冻结
freight 运费

front 前面

front-end fee 一次性手续费

front load pricing 提前收款报价

front loader 前铲装载机

fruitful 富有成果的

frustration 工程受阻

fuel 燃料

fulfill 履行，完成

full 完全的

full coverage 全额担保

function 职能

fund 基金，资金

furniture 家具

future 未来的

futures price 期货价

futures trading 期货贸易

G

gage 抵押品

gain 收益，盈余

gain and loss 损益

gallon 加仑（液量单位）

galloping inflation 恶性通货膨胀

gap 缺陷

gasoline 汽油

general 一般的，主要的

general expenses 一般费用

general manager 总经理

general tariff 一般收费

gentleman 先生，绅士

gentleman′s agreement 君子协定

geologic(al) 地质的

geometric(al) 几何的

geometrical mean 几何平均数

goal 目标，目的

goods 货物

goodwill 好信誉，善意

government 政府

grace 宽惠的

grace period 宽限期

grade 等级

grant 补贴，赠款

graph 图表

gross 毛值，总值

gross income 总收入

gross margin 毛利

gross national product(GNP) 国民生产总值

gross profit 毛利

gross weight 毛重

group 集团

growth 增长

growth rate 增长率

guarantee 担保，保函

guarantee bond 担保书

guarantee letter 保函

guarantor 保证人

gymnasium 体育馆

H

habitation 住宅
half 一半
  half finished goods 半成品
hall 会常
hall mark 品质证明
hand-book 手册
hand-made 手工制的
handle 操作,管理
hangar 机库
harbor 海港
  harbor dues 停泊费
hard 硬的
  hard cash 硬币
  hard currency 硬通货
  hard goods 耐用品
  hard ware 五金件,硬件
  hard wood 硬木
harm 伤害,损害
harmless 无害的
head 为首的,头部
  heading 表头,标题
  head office 总公司
  head quarter 总部
  head tax 人头税
health 健康
  health insurance 健康险,事故及医疗险
here-after 此后,下文
here-by 特此
here-in 于此,此中
HIBOR(Hong Kong Inter-bank Offered Rate) 香港同业银行拆放利率
high 高的
  high land 山地
  high light 重点,数据
  high pitched 急坡的(屋顶)
  high way 公路
hire 租用
  hire purchase 租购
historic 历史的
hold 持有
  hold harmless 转移责任,使另一方不受损害
holding company 控股公司
holiday 假日,节日
hollow 中空的
  hollow block 空心砖
honorable 诚实的,可敬的
horizontal 水平的
hospital 医院
host 主人
  host country 东道国
hot 热的
  hot money 游资
  hot house 暖房
hotel 旅馆
hour 小时
  hourly wage rate 小时工资

house　住宅,房子
house bill　公司内部账单
house organ　公司内部刊物
human　人的,人类
human resource　人力资源
hush money　贿赂费
hydrant　消防栓
hydraulic　液压的

I

ICC(International Chamber of Commerce)　国际商会
ICE(Institution of Civil Engineers)　英国土木工程师协会
idea　概念,观点,创意
idea design　创意设计
identify　验明
identification card　身份证
idle　窝工
idle capacity　闲置生产能力
idle equipment　闲置设备
idle money　闲置资金
idle time　停工时间
i.e.(id est)　即
illegal　非法的
illegal contract　非法合同
illegal profit　非法利润
illicit　违法的,禁止的
illustration　例述
imaginary number　虚数
IMF(International Monetary Fund)　国际货币基金组织
immediate　立即的
immovable property　不动产
immunity　豁免
impartial　公正的
impartiality　公正性
impasse　僵局,绝境
imperfect　不完善的
impersonable　无人称的
impersonable account　无人名账号
impersonable entity　法人单位
implement　落实,执行
implied contract　默认合同
import　进口
import agent　进口代理商
import duty　进口关税
import licence　进口许可证
import quota　进口配额
important　重要的
imposition　课税
impossible　不可能的
impost　进口税
impound　扣押
imprint　盖印
improvement　改进
inactive　不活动的
inactive money　呆滞资金

inactive stock 库存
inadequate 不充分的,不适当的
inalienable 不可剥夺的
inauguration 开幕式,典礼
Inc.(incorporated) 有限责任(公司)
incentive 激励
incentive bonus 激励性奖金
incentive reductions 鼓励性退税
incidental 临时性的
incidental expense 临时费用
incidental revenue 临时收入
include 包括
inclusive 包括的
income 收入
income deduction 营业外收入
income distribution 收益分配
income sheet 收益表
income statement 损害表
income tax 所得税
incorporation 法人公司
increase 增加
increasing cost 递增成本
increment 增值
incumbent 负有义务的
incumbrance 不动产置留权
indemnify 补偿,保护
indemnity 赔偿,补偿
indent 订货单
indenture 契约
independent 独立的
index(indices 复数) 索引,指数
indication 指示
indicator 指标
indirect 间接
indirect cost 间接成本
indirect expense 间接费用
indirect loss 间接损失
individual 个别的
individual check 个别支票
individual income 个人所得
individual proprietorship 独资
indorsee 受让人
indorsement 背书(支票)
indorser 背书人
industrial 工业的
industry 工业
ineffective 无效的
inefficiency 低效的,无能的
inequality 不平等
inevitable 不可避免的
inexpensive 价廉的
inexperience 缺乏经验
inferior good 低档货
inflation 通货膨胀
inflow 流入
inform 通知,报告
informal 非正式的
informal record 非正式记录
information 资料,情报
infringement 侵权行为
ingot 锭
initial 最初的,简签
initial cost 初期费用,初始成本
injure 伤害
injustice 不公平的
in-kind payment 以实物支付

inland 内陆的
  inland transportation 内陆运输
in lieu of 代之以
innovation 革新
input 输入,投入
inquiry 查询
insert 插入
insolvent 破产者,无力还债者
inspection 检查,检验
  inspection of site 工地检查,现场核查
installation 安装
installment 分期付款
instant 立即的
institute 学会,协会,学院
instruction 指令
  Instruction to Tenderer 投标人须知
instrument 仪表,仪器
insulation 绝缘材料
insulator 绝缘体
insurance 保险
  insurance company 保险公司
  insurance coverage 保险金额
  insurance policy 保险单
  insurance premium 保险费
insurrection 起义,暴动
intelligence 情报,消息
  intelligence department 情报部
intensity 强度
intent 意向
  letter of intent 意向书
inter alia 除其他事情外
interest 利息,兴趣
interest rate 息率
interim 中期的,临时的
  interim audit 中期审计
  interim certificate 中期证书
  interim payment 中期付款
  interim payment schedule(I.P.S) 中期付款安排
intermediary 中间人
internal 内部的
  internal debt 内债
  internal rate of return 内部收益率
international 国际的
  international currency 国际通行货币
interpreter 翻译
interview 会见
introduce 介绍
invalid 无效的,作废的
invariable 不变的
inventory 存货,提单
investigation 调查
investment 投资
investor 投资者
invite 邀请
invoice 发货票,账单
involve 包含,卷入
inward 内向的
  inward charge 入港费
IOU(I Owe You) 借据
irreconcilable 不可调和的
irredeemable currency 不兑换的货币
irregular 不规则的

irregular tax 杂税
irrevocable 不可撤销的
irrevocable L/C 不可撤销的信用证
ISO (International Standardization Organization) 国际标准化组织
ISO 9000 国际标准化组织 9000 系列品质认证模式
ISO 14000 国际标准化组织 14000 系列环保认证模式
issue 发行,公布
item 条款,项目

J

jerque note 结关单(海关用)
jerry 偷工减料
job 工作,职业
jobber(wholesaler) 批发商
joint 共同,联合
  joint account 联合账户
  joint adventure 短期合伙
  joint ownership 共同所有权
  joint rate 联运费率
  joint venture 合资
journal 日志,日记账
judge 审理,法官
judgment 判决
judicial 司法的,公正的
jumbo 巨型的
  jumbo drill 隧道凿岩车
junction 联接点
jurisdiction 司法权,管辖权,证实
justice 公正,审判

K

keeper 看管人,保管人
kerb,curb 路牙
key 关键,解答
  key person 关键人员
kickback 回扣
kitchen 厨房
kite 空头支票
kiting 挪用
know-how 技术诀窍
knowledge 知道,理解

L

label 标签,标记

labeled price 标明价格

laboratory 实验室

labo(u)r 劳力

labor agreement 劳务协议

labor contract 劳力合同

labor cost 人工成本

labor efficiency 劳动效率

labor intensive 劳力密集

labor laws 劳工法

labor relations 劳资关系

labor union 工会

lack 缺少

lading 船货

land 土地

land certificate 土地证

land price 抵岸价

land charge 卸货费

landlord 地主

land mark 界标,里程碑

land scape 景观,外景

land tax 土地税

language 语言,文字

lapse 失效

larceny 盗窃

last 最后的

last settlement 结算

lavatory 盥洗间

law 法律,法规

law court 法院

lawful money 法定货币

law of company 公司法

law suit 诉讼

lawyer 律师

lay 放置

lay days 装卸期限

lay off 临时解雇

lay out 总布置图

L/C(letter of credit) 信用证

leakage 渗漏

lease 租赁,租约

legal 法定的,合法的

legal capacity 法定身份

legal entity 法定单位

legal person 法人

legal representative 法定代理人

legal right 法定权利

legal title 所有权

legislation 立法

lend 贷款,借出

lender 出借人

lending rate 贷款利率

letter 信函

letter of advise 通知书

letter of application 申请书

letter of attorney 代理证书

letter of credit(L/C) 信用证

letter patent 专利证

level 水平,平等

level playing field 平等竞争

liability 债务,义务,责任

liability of acceptance 承兑责任

liability insurance 责任险

LIBOR(London Inter-Bank Offered Rate) 伦敦同业银行拆放利率

licence 许可证,执照

lien 置留权,扣押权

life 生命

life of expectancy 使用年限

life insurance 人寿险

limestone 石灰石

limit 限度,极限

limited company 有限公司

line 直线

line of credit 货款限额

line of production 流水生产线

line programme 线性规划

line item 限额项目

liquidate 清算补偿

liquidated damage 违约罚款

list 表格

load 载荷

loan 贷款

loan rate 贷款低率

loan shark 高利贷者

lobby 前厅,游说

local 当地的

local authority 地方当局

local currency 当地货币

local tax 地方税

location 位置

longitude 经度

long term 长期的

lot 区,批

lose,loss 损失

loyalty 产权费

Ltd.(Limited) 有限公司

lump sum 总计的,一笔款的,包干的

lump sum contract 总价合同

lump sum payment 总价付款

M

machinery 机器,机械

macro 宏观的

mail 邮寄

main 主要的

main contractor 总承包商

maintenance 维修

maintenance bond 维修保函

majority 多数

malfeasance 不法行为

malicious damage 恶意破坏造成损失

management 管理

management by objection 目标管理

manager 经理

managing director　执行董事
mandate　指定委托
mandator　委托人
mandatory　受托人
manual　手工的
manual rate　保险费率
manufacture　制造
manuscript　手稿，原稿
margin　限额，限界
marine　海运的
marine insurance　海运保险
marine premium　海运保险费
mark　标记
mark up　标高价格
material　材料
material requisition　领料单
maturity　到期的
maturity date　到期日
mean　平均数
means　收入
measurement　计量
mechanic　技工
media, medium(单数)　宣传媒介
mediation　调解
mediator　调解人
meeting　会议
membership　成员资格
memo(memorandum)　备忘录
memorial　仪式，纪念馆
merchandise mark　商标
merchant　商人，商业的
merchant whole saler　批发商
message　消息
Messrs(Messieurs)　先生们
metric　公制的
middleman　中间人
milestone　里程碑
million　百万
mine　矿山
mineral　矿物
minig　采矿
minimum　最小的
minister　部长
ministry　政府部委
minutes　纪要
miscellaneous　杂项
misrepresentation　虚报
mistake　错误
misstatement　错报
misunderstanding　误解
mixed tariff　混合税收
M.O.(money order)　汇单
mobilization　动员
mode　模式
mode of payment　支付方式
model　模型
model house　样板房
modernization　现代化
moisture　湿度
monetary　货币的
monetary gain or loss　货币损益
monetary policy　货币政策
monetary stability　稳定币值
monetary unit　货币单位
money　金钱，货币
money asset　货币资产

money at call 短期贷款
money order 汇款单
monthly 月度的,每月
monthly payment 每月付款
monthly statement 月报表
moratorium 延期偿付
mortar 砂浆
mortgage 抵押,按揭
mortgage loan 抵押贷款
mortgagee 受押人
mortgagor 出押人
moslem 穆斯林
mosque 清真寺
mould,mold 模具,模板
movable property 动产
multilateral 多边的
multilateral aid 多边援助
multilateral co-operation 多边合作
multilateral tariff treaty 多边税收协定
multinational 跨国的
multinational corporation 跨国公司
multiple 多重的
multiple taxation 复税制
municipality 市政府
mutual 共同的
mutual fund 共同基金
mutual understanding 相互理解

N

naked contract 无担保合同
national 国家的
national bond 国家公债
national debt 国债
national dividend 国民收入
national enterprise 国营企业
national products 国民产值
national tax 国税
nationality 国籍
nationalization 国有化
native 本地化
natural 自然的
natural number 自然数
natural person 自然人
natural resource 自然资源
natural wastage 自然损耗
naturalization 归化,入籍
navvy 民工,小工
N/C(numerical control) 数字控制
necessary 必需品
negative 否定,负的
neglect 疏忽
neglect of duty 失职
negligence 过失,粗心大意
negligible 可以忽略的
negotiable 可转让的,流通的

negotiable check 流通支票

negotiable draft 汇票

negotiated price 议价

negotiation 谈判,协商

net 净的

net amount 净额

net asset 净资产

net earnings 净收益

net income 净收入

net liability 净债净额

net loss 净损失

net mark up 净加价

net national product 国民生产净值

net profit 净利

net weight 净重

net work 网络

net work analysis 网络分析

net yield 净收益

nil 零,无

noise 噪声

nominal 名义的

nominal partner 名义合伙人

nominate 提名,推荐

nominated subcontractor 指定分包商

nominee 被指定人

non-operating revenue 营业外收入

normal 正常的

normal cost 正常成本

normal depreciation 正常折旧

normal shrinkage 正常损耗

notary 公证

notary public 公证人

note 票据,期票,附注

notice 通知,通告

notification 通知书

nuclear power station 核电站

null 无效

null and void 依法无效

number 数目

numerical error 数字错误

numerous 大批量的

O

obey 服从

object 对象,反对

object of taxation 课税对象

objection 反对,拒绝

objective 客观的,经营目标

objective evidence 客观证据

objectivity 客观性

obligation 义务,责任

obligee 债权人

obligor 债务人

oblong 长方形

observance 观察,遵守

observation　观察，评论
observatory　气象台
observe　遵守
obsolete　过时的
obstacle　障碍(物)
obstruct　妨碍(交通)
obtain　获得
obviate　排除(危险)
occasion　时机，机会
occupant　占有人
occupancy rate　占用率
occupation　居住，占用
occupy　占有，占用
occur　发生
occurrence　发生，事件
ocean　海洋
　ocean bill of lading　海运提单
　ocean marine insurance 海运保险
o/d(on demand)　即付
O/D(over draft)　透支
odd　多数的，临时的
　odd job　零活，临时工
　odd money　零钱
　odds　优势，差别
off　离开
　off day　休假日
　off road　越野
　off season　淡季
　off set　抵消，冲销
　off shore office　境外办事处
offend　违反(法律)
offer　报价，卖价
offeree　接受报价者，买主
offerer　报价人
office　办公室
officer　公务员，官员
official　正式的
　official contract　正式合同
　official exchange rate　法定汇率
officiate　主持会议
oligopoly price　卖主垄断价格
oligopsony price　买主垄断价格
omission　删除
　omission of work　删除工程
omit　省略，遗漏
on　在……上
　on account　赊账
　on credit　赊欠
　on hand　库存
one price policy　定价
one side argument　片面之词
one way　单行线
OPEC(Organization of Petroleum Exporting Countries)　欧佩克(石油输出国组织)
open　开放，空旷
　open account　银行开户
　open credit　开信用证
　open door policy　开放政策
　open contract　开口合同
opening price　开盘价
operating　运营，操作
　operating account　营业账户
　operating cost　营业费
　operating loss　营业损失
　operating rate　开工率

operational research　运筹学
operator　操作者,经纪人
opinion　意见书
opponent　对手
opportunity study　投资机会研究
optimal solution　最优解
optimization　最优化
option money　定金
optional items　可选择的项目
oral　口头的
　oral instruction　口头指令
　oral notice　口头通知
order　定单,命令
　order quantity　订货量
　order size　定货量
ordinary　通常的
　ordinary depreciation　正常折旧
organization　机构,组织
　organization cost　开办费
orientation　定位
origin　原产地
original document　原始文件
out　外面
out doors　户外
out go　支出
out lay　开支
out let　排水口
out line　要点
out of date check　失效支票
out of pocket expense　现金支付开支
outstanding　未清偿的
　outstanding account　未清账款
　outstanding debt　未清账务
over　超过
　over all budget　总预算
　over draft　透支
　over due　过期未付,逾期
　over haul　检修
　over head　管理费,间接费用
　over land　陆上的
　over load　超负荷
　over production　生产过剩
　overseas　海外的
　overseas branch　海外办事处
　over sight　失察
over time　加班
over weight　超重
owe　欠债
owing　未付,由于
owner　业主
ownership　所有权
oxidized　生透的

P

pack　包装,打包
　packing slip　装箱单
package　包装,一揽子
　package deal　总价交易

package mortgage　总体抵押
pact　公约
paid(pay 的过去分词)　已支付的
paid in capital　实缴股本
paid up capital　缴清股本
paint　油漆
painter　油漆工,画家
palace　大厦,宫殿
palisade　围篱
panel　仪表板
paper　纸币,票据
paper loss　账面损失
paper profit　账面利润
par　票面额
paragraph　段落(文章)
parallel　平行的
parapet　女儿墙,短墙
parameter　参数
parcel　部分,一块
parent company　母公司
par exchange rate　官方平价汇率
park　公园,停车场
parliament　国会,议会
part　部分
partial payment　部分支付
participate　参加
participating loan　共同贷款
particular　特别的,细节
partition　间壁,隔墙
partner　合伙人
Partnership　合伙,伙伴关系
party　(合同中)一方
pass　通行
pass book　银行存折
passport　护照
passage　通道
passage way　走廊,过道
passager　旅客
past　过去的
past due　过期
past year　上一年的
patent　专利的,特许的
patent holder　专利持有人
patent law　专利法
path　路径
pave　铺(路)
pavement　人行道
pawn　抵押,典当
pay　支付
pay as you earn(PAYE)　预扣所得税
pay date　发薪日
payable　应付款
payback　回收(贷款)
payback period　回收期
payment　支付,付款
payment in advance　预付款
payment in cash　现金支付
payment in kind　实物支付
payment on account　赊销
payment terms　支付条件
payroll　工薪单
payroll register　工薪表
payroll tax　工薪税
peak season　旺季
peculation　贪污,挪用

penalty　罚款
　penalty clause　惩罚条款
pension　退休金
per　每,每一
　per annum　按年计
　per diem　按日计
percent　百分比
percentage　百分数
perfect　完美的
perform　履行
performance　履约,实施
　performance bond　履约保证金
　performance guarantee　履约保函
　performance security　履约担保
period　周期
　periodic meeting　定期会议
　periodic inventory　定期盘存
　periodic report　定期性的
permanent　永久性的
permit　许可证,通行证
person　人
personal property　私人财产
personnel　人员
perspective　透视图
PERT(Program Evaluation and Review Technique)　统筹法,计划评估法
persuasive　有说服力的
petition　申请
petroleum　石油
petty　小钱
　petty cash　零星收支
phase　阶段
photograph　照片
physical capital　实物资本
picture　照片,图片
piece　件
　piece rate　计件工资
　piece wages　计件工资
pile　桩
pilotage　领港费
pipe　管子
　pipe line　管道
piping　铺管
plaintiff　原告
plan　计划
plant　工厂
　plant capacity　工厂生产能力
plaster　抹灰
pledge　抵押,抵押品
plenipotentiary　有全权的
plumbing　管道工程
plywood　胶合板,层板
P. M. (Prime Minister)　总理,首相
p. m. (post meridian)　下午
P. O. Box(Post Office Box)　邮政信箱
policy　保单,政策
pollution　环境污染
population　人口
populous　人口稠密的
port　港口
　port authority　港务员
　port charge　港口费
　port of entry　进口港
　port of exit　出口港

porter 看门人
porterage 搬运费
position 职位,状况
positive 正的
possession 职位,持有,占有
  possession of site 工地移交
possibility 可能性
possible 可能的
post 岗位,过账
postpone 延期,推迟
post-qualification 资格后审
potential 潜在
  potential risk 潜在风险
power 权力
  power of attorney 授权书
  powerless 无效的,无权的
  power station 电站
practical 实际的
practice 惯例,实践
pre-bid 投标前
pre-bid coference 标前会议
precede 优先
  precedence 优先权,先决的
  precedent 先例
precise 精确的
precision 精确度
predatory price cutting 竞争性削价
prediction cost 预测成本
prefabricate 预制
preferred stock 优先股
prejudice 偏见,损害
preliminary 初步的
  preliminary evaluation 初评
  preliminary expense 开办费
  preliminary feasibility study 预可行性研究
premium 保险金,奖金
prepare 准备,编制
prepayment 预付款
pre-qualification 资格预审
present 现时的,出席
  present value 现值
presentation 交单,提交
preservation 保护,防腐
president 总裁
pressure 压力,电压
prevail 流行的,盛过
  prevail price 时价
prevent 防止,预防
price 价格
  price ceiling 最高限价
  price control 价格管制
  price cutting 减价
  price floor 最低限价
  price fluctuation 价格浮动
  price index 价格指数
  price list 价目表
pricing 计价,定价
prime 首要的
  Prime Minister 首相,总理
  prime rate 优惠利率
principal 本金
principle 原则
print 印刷,晒图
priority 优先权
private 私营的

privilege 特许的
probability 概率
probable 可能的
problem 问题
procedure 程序,手续
proceed 进度,收益
proceeding 诉讼
proceeds 收入
process 加工
  process control 加工程序控制
  process cost 加工成本
  process capability 加工能力
proclamation 公布,公告
procurement 采购
produce 生产
production 生产,产量
  production line 生产线
  production planning 生产计划
  production volume 产量
productivity 生产率
profession 职业,技能
  professional ethic 职业道德
  professional skill 专门技能
proficiency 熟练,精通
profile 侧面图
profit 利润
  profit and loss statement 损益表
  profit margin 利润表
  profit rate 利润率
profit tax 利润税
profiteer 投机商
proforma 形式
  proforma invoice 形式发票,暂定发票
program 程序,计划项目
progress 进度
  progress chart 进度表
  progress control 进度控制
  progress report 进度报告
progressive tax 累进税
prohibit 禁止
project 项目
  project appraisal 项目评估
  project manager 项目经理
projection 估算,预测
promise 承诺
promisee 受约人
promisor 立约人
promissory note 期票
promotion 推销,促销
prompt 立即的,准时
  prompt cash 立即付款
  prompt delivery 即期交货
proof 证明
property 财产
  property asset 房地产,不动产
  property company 房地产公司
  property right 产权
  property tax 财产税
proportion 比例
proposal 建议
proprietary 所有人的,专卖的
proprietary equity 业主产权
  proprietary interest 业主权益
  proprietary right 所有权
proprietor 业主

proprietor-ship　独资企业
pro-rata　按比例
protection　保护
protection tax　保护关税
protest　拒付,抗议
protocol　条约
provide　提供
provision　预备的
provisional cost　暂定费用,暂定成本
provisional invoice　临时发票
provision for depreciation　预提折旧
provisional sum　暂定金额
proviso　附文,限制性条款
proxy　代理委托书
public　公共的
public corporation　公开招股公司
public enterprise　公营企业
public house　酒店
public money　公款
public relation　公共关系
public sale　拍卖
public utility　公用事业
public welfare　公共福利
public works　公共工程
publish　公布,发布
pull down　拆除(建筑物)
punitive damage　惩罚性赔款
purchase　购买
purchase commitment　约定付款数
purchase contract　订货合同
purchase invoice　购货发票
purchase money　定金
purchase order　订单
pure　纯粹的
pure interest　纯利
pure profit　净利
purpose　用途,目的

Q

qualification　资格条件
pre-qualification　资格预审
post-qualification　资格后审
qualify　合格
quality　质量
quality control　质量控制
quality review　质量审查
quantity　数量
quantity survey　工程量估算
quarter　四分之一
questionable　有争议的
questionnaire　调查表,问答表
quick　快的
quick asset　速动资产
quick liability　速动负债
quasi-arbitration　准仲裁

quick money　速动资金
quick lime　生石灰
quick sand　流砂
quit　停止
quit office　退职
quit work　停工
quasi　准,类似的
quasi-arbitration　准仲裁
quasi-arbitrator　准仲裁人
quota　配额,定额
quotation　报价
quote　开价

R

radius　半径
railway　铁路
railway bill of lading　铁路货运提单
railway freight　铁路运费
raise　提出,提高
raised check　涂改支票
raising fund　筹资
range　范围,分类
rapid　快捷
rapid amortization　快速摊销
rate　比率,费率
rate of discount　贴现率
rate of exchange　汇价
rate of interest　利率
rate of operation　开工率
rate of return　收益率
rate of taxation　税率
ratification　批准,许可
ratio　比率
ration　配额
raw　未加工的
raw data　原始数据
raw material　原材料
ready　有准备的
ready cash　现金
ready condition　就绪
real　实在的,真实的
real cost　实际成本
real estate　不动产
real income　实际收益
real price　实价
real security　实物担保
realization　变现
reapportionment　再分配
reasonable　合理的
reasonable price　公平价格
rebate　回扣,退税
rebuild　重建
receipt　收据,接收
receiving　接收,验收
receiving clerk　收料员
receiving department　验收部门
receiving note　收货通知

receiving report　验收报告
receiver　接管人(破产清算)
reciprocal　互惠的
reciprocal account　往来账户
reciprocal tariff　互惠关税
reckoning　结算
recognize　确认
recommend　推荐,建议
recompense　赔偿
reconciliation　调解,和解
reconditional　重新装配的,翻新的
record　记录
recoup　补偿,赔偿
recourse　追索权
recovery　回收,弥补,复苏
recovery value　回收价值
rectify　纠正
red　红色的
red balance　赤字
red tape　文牍主义,官僚主义
redeem　偿还,弥补
redistribution　再分配
redress　纠正,补救
reduce　降低,减少
reducing balance depreciation method 余额递减折旧法
reduction　降价
refer　提及,参考
reference　参考,推荐书
refine　精练
reform　改革
refund　退款
refusal　拒绝,优先决定权
refute　反驳
region　地区
regional office　地区办事处
register　注册
registration　注册
regressive tax　递减税
regulation　规章,条例
rehabilitation　重建,修复
rehypothecate　再抵押
reimburse　补偿,偿还,赔偿
reinforce　加强
reject　拒绝
relationship　关系
release　解除,放弃
release of guarantee　解除担保
release of mortgage　解除抵押
religion　宗教信仰
remain　剩余,余下的
remedy　补救
remission　减免(税)
remittance 汇款
remittee　收款人
remitter　汇款人
removal cost　拆迁成本
remuneration　报酬
renew　更新(设备)
rent　租金,出租
repair　修理
reparation　赔偿,补偿
repatriate　遣返,遣送回国
repatriation　遣返
repatriation fee　遣返费
repatriation of labour　劳工遣返

repayment 还款,偿还
repeal 撤销,废止
replace,replacement 替换,重置
repledge 转抵押
reply 答复
report 报告
representation 说明,申述
representative 代表,代理人
repudiation 拒付(债务)
reputation 信誉
request 申请,请求
requirement 需要,需要量
requisitioning 征用
resale 转卖
rescission 解约
research 研究
reservation 权益保留,储备
reservoir 蓄水池
residence 住宅
resign 辞职,放弃(权利)
resolution 决议,解决
  resolution of Board 董事会决议
resolve 解决
resource 资源
response 响应,应答
responsive tender 应答标
responsibility 职责
rest 盈余
restitution 赔偿,归还
restrict 限制,约束
  restrictive convenant 限制性条款
result 成果,结果
retail 零售
  retail outlet 零售点
  retail price 零售价
retain 保留
  retained profit 待分配利润
retention 保留金
  retention bond 保留金保证金
  retention guarantee 保留金保函
  retention security 保留金担保
retire 退休
return 返回,收益
  returned goods 退回货物
  return on asset 资产收益率
  return on capital 资本收益率
  return on equity 产权收益率
  return on investment 投资收益率
revaluation 重新估价
revenue 收入,岁入
  revenue stamp 印花税票
review 审查
revision 修改
revocable credit 可取消的信贷
revolution 革命
revolving L/C 循环使用信用证
reward 酬金,奖金
rework cost 返工成本
right 权利
  right of patent 专利权
  right of rescission 解约权
risk 风险
  risk analysis 风险分析
  risk evaluation 风险评价
  risk management 风险管理
rival 竞争者,对手

road 道路
rollback 压价
rough 粗略的
  rough estimation 估算价
  rough sketch 草图
round off 四舍五入
routine 例行的,日常的
  routine procedure 规定程序
royalty 产权使用费,提成费
rubber check 空头支票
rule 规章,惯例
rummage 海关检查
  rummage sale 清仓拍卖
run 运行
  run idel 空转
  running account 流水账
  runover 超过

S

safe 安全
  safe custody charge 保管费
  safety factor 安全系数
  safety first 安全第一
salary 薪金
  salary roll 薪金表
sale 销售
  sale for cash 现金交易
  sale on account 赊销
  sale on approval 试销
  sale commission 销售佣金
  sales contract 销售合同
  sales invoice 销售发票
  salesman 推销员
  sales manager 销售经理
  sales price 售价
  sales promotion 推销
salvage 挽救,利废
  salvage value 残值
sample 货样,实例
  sampling inspection 抽样检查
sanction 法律制裁
satisfaction 履约,满意
satisfy 使满意
  to be satisfied to the Engineer 使咨询工程师满意
saving 储蓄
  saving account 储蓄账户
  saving bank 储蓄银行
  saving deposit 储蓄存款
sawmill 锯木厂
scaffold 脚手架
scale 规模,度量制
scalping 倒卖
scarce currency 稀缺通货,硬通货
scarcity 缺货,短缺
schedule 进度计划表
scheme 方案,计划

scientific　科学的
　scientific management　科学管理
scope　范围
　scope of work　工程范围
scrap value　废品残值
SE(system engineering)　系统工程
sea　海
　sea freight　海运费
　sea insurance　海运保险
seal　铅封,印章
season　季节
second　第二,秒
　second hand goods　二手货
　second mortgage　第二抵押
　seconds　次品
secrecy　保密机密
secretary　秘书
section　区,断面
secure　安全
　secured bond　担保债务
security　安全,抵押品,担保
　security of loan　贷款担保
segment　部分,核算单位
seize　扣押(财产)
self finance　自筹资金
sell　销售
　seller　卖主,卖方
　selling price　售出价
　selling rate　(货币)卖价
sender　发货人
senior　高级的
　senior creditor　优先债权人
　senior engineer　高级工程师
sensitive　敏感的
　sensitive analysis　敏感性分析
sentence　判决
separation　解雇
sequester　查封,扣押
service　服务,劳务
　service contract　服务合同
　service charge　劳务服务费
setting out　放线
settlement　结算,结账
　settlement of exchange　结汇
　settlement term　支付条件
share　分配,股份
　share holder　股东
shift　工作班
shipment　发运(货)
shipment document　货运单据
shipment order　发运通知单
shipment wreck　船舶失事
short　短
　short delivery　交货短缺
　short lease　短期租赁
　short term loan　短期贷款
shortage　缺乏
shrinkage　损耗
side　侧面
　side line　副业
　side view　侧面图
sight　看见
　sight bill　即期汇票
　sight draft　即期汇票
sign　签字
signature　签名

simple 简单的
  simple contract 口头合同
  simple interest 单利
single 单一的
  single proprietorship 独资
  single tariff 单一税率
  single tax system 单一税制
sinking funds 偿债基金
sister company 姊妹公司
site 现场
  site engineer 现场工程师
  site management 现场管理
  site manager 现场经理
size 尺寸,大小,规模
sketch 草图
sleeping company 挂名公司
slow asset 呆滞资产
slump 暴跌,衰退
smuggle 走私
snap check,spot check 现场抽查
soar 价格猛涨
social 社会的
  social insurance 社会保险
  social security 社会保险
soft 软的
  soft currency 软通货
soft ware 软件
soft loan 软贷款
sole agent 独家代理,惟一代理
solvency 偿债能力
SOS 呼救信号
source 来源
  source document 原始文件
  source of fund 资金来源
special 特别的
  special agent 特约代理
  special assessment 特别捐税
  special drawing right(SDR) 特别提款权
specialist 专家
specification 规格,说明书
spend 花费
  spend thrift 浪费
spoilage 次品损失
spoiled product 废品,次品
sponsor 担保人
spot 少量,即场
  spot buy 买现货
  spot exchange rate 现汇汇率
  spot price 现货价
stability 稳定
staff 雇员,职员
stage 阶段
stamp tax 印花税
standard 标准
  standard of material 材料标准
  standard of measurement 计量标准
standardization 标准化
stand-by 备用的
  stand-by generator 备用发电机
  stand-by L/C 备用信用证
start 开工,开始
state 国家,州,说明
  state enterprise 国营企业
  state planning 国家计划

statement 报表
statement of account 账单
statement of asset and liability 资产负债表
statement of cash flow 现金流动表
statement of financial position 财务状况表
statement of operation 营业报表
static 静态的
static analysis 静态分析
station 站，岗位
statistic 统计数
statistician 统计人员
status 地位，状况
statute 法令，法规
statute law 成文法
statutory right 法定权利
stay 停留，坚持
steel 钢
steel fablicated 钢加工的
steel mill 轧钢厂
steel structure 钢结构
stenography 速记
step 措施，步骤
stipulate 规定，写明
stock 股份，股票，存货
stock card 存货单
stock control 库存控制
stock holder 持股人
stock in trade 待销存货
stock out 库存缺货
stockpile 存储
stock taking 盘点
stone 石头
stone work 砖石工程
stop 停止
stop order 中止命令，止付通知
stop payment 中止支付
storage 仓库，存储
store 仓库，存储
store keeper 保管员
store requisition 领料单
storey 楼层
straight 直的，直线的
straight method of depreciation 直线折旧法
straight time 正常工作时间
strike 罢工
strong 强硬的
strong box 保险箱
strong currency 硬通货
strong market 行情看涨
structure 结构，建筑物
structure of loan facility 贷款安排结构
style 风格
sub- 次的，副的
sub-assembly 配件
sub-contract 分包合同
sub-contractor 分包商
sub-division 细分类住宅契约
sub-lease 二次租赁
sub-mortgage 二次抵押
sub-sampling 二次抽样
sub-total 小计

sub-urban 市郊区
sub-way 地下铁路
subject 主题
subject to 受限于
submit 提交
subsidiary 分公司
subsidiary company 分公司,子公司
subversion 颠覆
subsistence allowance 生活补贴
substantial 基本的,实质的
substantial completion 基本完工
substantiation of claims 索赔取证
succeed 完成
success 成功
successive 连续的
successive procession 连续加工
successor 后续者
suggest,suggestion 建议
suit 诉讼,控告
sum 总数,总和
sum of the years' digits depreciation(SYD) 年限总额折旧法(快速折旧法)
summary 汇总表,摘要
sundry 杂项
super 特级的
super-intendent 监理,监工
super profit 超额利润
supervision 监督
supervisor 监理
supplement 增补,补充
supplementary agreement 补充协议
supplementary cost 辅助成本
supply 供应
supplier 供货商
supplies 物料
supply price 供货价格
support 支持,证明
supporting document 证明文件
supporting price 平价
supreme 最高的
supreme court 最高法院
surety 保证,保证人
surety bond 保证书(保函)
surety money 保证金
surrogate 代理(职务)
survey 测量,勘察
suspend 悬挂,暂停
suspension 中止
suspension of work 工程暂停
syndicate 银团
syndicated loan 银团贷款
system 系统
system management 系统管理
system of account 会计制度

T

table　表格

table of organization　机构表

table of rate　税率表

tabular　列表的

tabular form　报表

take　取得

takehomepay　实发工资

take over　接收

take stock　盘货

tallyman　分期付款商

tangible　有形的,实物的

tangible asset　实物资产

target　目标

target cost　目标成本

target date　预定日期

target price　目标价格

target profit　计划利润

tariff　关税

tariff agreement　关税协定

tariff barrier　关税壁垒

tariff ceiling　关税最高限额

tariff preference　关税优惠

tariff rate　关税税率

task master　监工,工头

tax　税

tax abatement　减税

tax accrued　应计税金

tax avoidance　避税

tax base　课税对象

tax bearer　纳税人

tax clearance　清税

tax collector　收税员

tax credit　税额减免,抵免

tax day　纳税日

tax dodge,tax evasion　逃税

tax exclusion　免税

tax exempt　免税

tax fraud　偷漏税

tax holiday　减税期

tax liability　应纳税金

tax on business　营业税

tax on income　所得税

tax on property　财产税

tax rate　税率

tax rebate　退税

tax refund　退税

tax relief　减免税

tax return　纳税申报表

tax retirement　免税

technic,technique　技术,技巧

technical assistance　技术援助

technical transfer　技术转让

telegram　电报

telegraph　电报

telegraphic money order　汇款单

telegraphic transfer(T/T)　电汇

telephone　电话

telex　电传

temperature　温度

temporary　临时的

temporary construction　临时建筑
temporary loan　短期贷款
tenancy　租赁
tenant, lease　承租人
tendency　趋势
tendency of exchange rate　汇率走势
tendency of market　市场走势
tender　投标
tender advertisement　投标广告
tender bond　投标保证金
tender guarantee　投标保函
tender security　投标担保
tender committee　投标委员会
tender document　投标文件
tenderer　投标人
Instruction to Tenders　投标人须知
tender form　投标格式
tender price　投标价
term　期限,条款
term deposit　定期存款
term lease　定期租赁
term loan　项目定期贷款
term of payment　支付条款
terminal market　期货市场
terminate　终止
termination　终止,解雇
termination of contract　终止合同
termination pay　解雇费
terrace　排屋
territory　领土,区域
test　试验
test check　抽查
test of material　材料试验
testimony　证言
text　正文,本文
theoretical　理论的
third party　第三者,第三方
third party insurance　第三者保险
third party liability　第三者责任
thrift　节约
thrift account　储蓄账户
through　通过,经过
through freight　直达货运
through out　自始至终
tick　记号,滴答声
tick mark　勾号
tick on credit　赊欠
tie　关系
tie in sale　搭配销售
tied loan　限制性贷款
tight　紧的
tight money policy　紧缩银根政策
tight standard　严格标准
till　到……为止,钱柜
till money　备用现金
time　时间
time bill　定期汇票
time card　计时卡
time deposit　定期存款
time keeping　工时记录
time loan　定期贷款
time payment　定期付款
time sheet, time ticket　计工单
time wage　计时工资
tinplate　镀锡钢板

title 所有权,头衔
  title deed 契据
  title transfer 产权转移
tolerance 公差
toll 通行税
tone 行情
tonnage 吨数
top 顶部
  top management 上层管理
  top notch 第一流的
tort 民事侵权行为
total 总计
  total asset 资产总额
  total cost 总成本
  total income 总收益
  total loss 总损失
  total revenue 营业收入总额
trade 贸易,商务
  trade agreement 贸易协定
  trade credit 贸易信贷
  trade deficit 贸易逆差
  trade fair 交易会
  trade mark 商标
  trade off 物物交换
  trade price 批发价
  trade secret 商业秘密
  tradition 传统的
  traditional construction 传统式施工
  traditional style 传统风格
traffic 交通运输
  traffic insurance 交通保险
  traffic interference 交通干扰
training 培训
transaction 交易
transcript 副本
transfer 转让,过户
transit 转口,过境
  transit duty 过境税
  transit trade 转口贸易
translate 翻译,货币折换
transmit 传送,转达
transnational company 跨国公司
transport 运输
transshipment 转运
traveling check 旅行支票
treasurer 司库
treasury 国库
  treasury bill 国库证券
  treasury note 国库券
treatment 待遇,处理
treaty 合约,协定
trouble 故障,麻烦
truck 实物交易,卡车
trust 信托,信任
  trust bank 信托银行
  trust company 信托公司
Trust Receipt Loan(T. R. Loan) 担保提货信贷
trustee 受托人
turbulence,turmoil 骚乱
turn 转动
  turn over 营业额,周转次数
tying contract 搭卖合同
type 类型
  type of contract 合同类型

typewriter 打字机

typical 有代表性的

typical floor plan 典型楼层平面图

U

UCC(Uniform Commercial Code) 统一商法

ultimate 最终的

ultimatum 最后通牒

ultra vires 越权

unabsorbed cost 待摊成本

unamortizated expense 未摊费用

unasserted claim 未确定的索赔

unavoidable cost 固定成本

uncertain factor 不确定因素(风险)

unclaimed wages 未领的工资

unclean B/L 不清洁的提货单

uncollectible account 呆账

uncompleted construct 未完工程

unconditional 无条件的

unconditional bank guarantee 无条件的银行保函

unconditional L/C 无条件的信用证

uncontrollable cost 不可控制成本

undepreciated value 折旧后余值

under 在……下

under construction 在建工程

under lying company 子公司

under selling 廉价出售

under signed 签字人

under standing 达成协议,互谅

under take 承担

under value 低估价格

undivided profit 未分配利润

undue debt 未到期债务

unemployment 失业

unemployment benefit 失业补助金

unemployment rate 失业率

unfair competition 不公平竞争

unfavorable variance 逆差

unfilled order 未发货订单

uniform 统一的

uniform invoice 统一发票

union 工会,联合

unit 单位

unit price 单价

unit price contract 单价合同

United Nations 联合国

UNIDO(United Nations Industrial Development Organization) 联合国工业及发展组织

UNCITRAL(United Nations Commission on International Trade Law) arbitration rules 联合国贸易法规委员会仲裁规则

unlawful　非法的
unlimited liability　无限责任
unload　抛售,卸货
unreasonable　不合理的
unsatisfactory　不能令人满意的
unsecured loan　无担保贷款
up　上面
　up-keep　维修费
　up to date　最新的,至今
urgent　紧急的
usage　用途
use of funds　资金运用
user　用户
usury　高利贷
utility　公用事业

V

vacancy　闲置率
vacation　假期,休假
valid　有效的
validity　有效性
　validity of contract　合同的有效性
valorize　政府限价
valuation　计价,估价
value　价值,数值
　value added tax　增值税
　value analysis　价值分析
　value date　起息日
variable cost　可变成本
variation　变更
　variation of quantity　工程数量变更
　variation order(V.O.)　工程变更令
vault　保险库,地下室
　vault cash　库存现金
vehicle　车辆
　vehicle excise tax　车辆税
ventilation　通风
venture　风险
　venture enterprise　风险企业
　venture investment　风险投资
verbal　文字的
　verbal error　文字错误
　verbal translation　直译
verdict　裁决
verification　检验,验证
verify　证实
version　译文,说明
vertical　垂直的
vessel　船只
vibrator　振捣器
vice　副职
　vice chairman　副董事长,副主席
　vice minister　副部长
　vice president　副总裁
villa　别墅

vindicate 辩护

violate 违犯

violate a law 违犯法律

visit 访问

void 无效的

void contract 无效合同

volume 产量,容积

volume of production 生产量

vote 投票,表决

vote down 否决

voting right 表决权

voucher 凭单

W

wage 工资

wage incentive 奖励工资

wages clerk 工资员

wages sheet 工资表

waive 放弃

waive right of claim 放弃索赔权

walk out 罢工

war 战争

ware house 仓库

warning 警告

warrant 保证

waste 废弃,损耗

waste water 废水

waste water treatment plant 废水处理厂

water proof 防水

wax 蜡

wax seal 蜡封

way bill 货运单

way leaves 通道

wear and tear 磨损,耗损

weighted average 加权平均

welfare 福利

welfare expense 福利费用

wharf 码头

wharfage 码头费

whole sale 批发

whole sale price 批发价

wind 风

wind fall profit 暴利

wind up 清算

withdrawal 提款,撤销

withholding 扣款

withholding 不空格

witness 见证人

wording 措词

work 工程,工作

working capital 流动资金,运作资金

work fund 周转金

workmanship 做工工艺

work order 派工单

work program 工作计划

workshop 工场

World Bank 世界银行
write 书写
 writing 书面的
write off 注销

X—Z

xerography 复印
xerox copy 复印件
xerox machine 复印机

year 年
 year book 年报,年鉴
 year end bonus 年终奖

yield 产量收益
yield rate 收益率,回报率

zero 零点
 zero defects management 无缺陷管理
zone 区域